计算机应用与职业技术实训系列教程

计算机基础与实训教程
上机实验指导

主　编：张青林　崔跃林
副主编：甘光生　胡　煜
主　审：何　鲲
编　者（按姓氏笔画排序）：
卫志东　甘光生　刘晓明
杨　杰　何　鲲　张青林
胡　煜　钱鉴青　崔跃林

西北工業大學出版社

【内容简介】本书是《计算机基础与实训教程》的配套上机实验指导，和《计算机基础与实训教程》章节衔接紧密，以培养学生的实际操作能力为宗旨，让学生通过实验掌握计算机基础知识的实际应用。全书内容分为六个项目：认知计算机，认识及熟练使用操作系统 Windows XP，文字处理软件 Word 2003，电子表格处理软件 Excel 2003，演示文稿制作软件 PowerPoint 2003，计算机网络与 Internet 技术应用。

本书可作为各大专院校及计算机培训班计算机基础课程的上机实验教材，也可作为参加计算机等级考试的参考用书。

图书在版编目（CIP）数据

计算机基础与实训教程上机实验指导/张青林，崔跃林主编. —西安：西北工业大学出版社，2011.10（2012.8 重印）

计算机应用与职业技术实训系列教程

ISBN 978-7-5612-3214-9

Ⅰ. ①计… Ⅱ. ①张… ②崔… Ⅲ. ①电子计算机—高等学校—教学参考资料 Ⅳ. ①TP3

中国版本图书馆 CIP 数据核字（2011）第 215163 号

出版发行：西北工业大学出版社
通信地址：西安市友谊西路 127 号　　邮编：710072
电　　话：（029）88493844　88491757
网　　址：www.nwpup.com
电子邮箱：computer@nwpup.com
印 刷 者：陕西宝石兰印务有限责任公司
开　　本：787 mm×1 092 mm　1/16
印　　张：9
字　　数：237 千字
版　　次：2011 年 10 月第 1 版　　2012 年 8 月第 3 次印刷
定　　价：18.00 元

前　言

计算机基础课程是一门必修的基础课，其教学内容适合各种专业领域。无论是计算机专业还是非计算机专业的计算机基础教学都应达到基本要求，包括系统了解和掌握计算机软、硬件基础知识，数据库技术，多媒体技术，网络技术以及程序设计等方面的基本概念与原理，了解信息技术的发展趋势，熟悉典型的计算机及网络操作环境及工作平台，具备使用常用工具软件处理日常事务的能力，培养学生良好的信息素养，为专业学习奠定必要的计算机基础。

全国高等学校计算机基础教育研究会在《中国高等院校计算机基础教学课程体系》中指出，在计算机专业和非计算机专业的计算机基础教育中，要使学生把计算机技术和自己从事的专业领域相结合，创造出新成果，应突出培养学生应用计算机的综合能力，包括概念性基础、技术与方法和应用技能几个层次。在信息素养方面，应具有信息意识、信息知识、信息能力、信息道德等综合素质。

高职院校计算机专业和非计算机专业学生的计算机教育应该使学生掌握应用计算机解决实际问题的综合能力，使学生提高信息素养，增强信息意识，掌握信息知识，提高信息能力，具备信息道德，成为既熟悉本专业知识又掌握计算机应用技术的复合型人才。

本实验教材正是根据上述要求，结合《计算机基础与实训教程》编写的。本书力求基于系统理论，注重实际应用，符合现代教育理念，突出技能培养，增强学生的创新精神和实践能力，让计算机基础课能够比较充分地发挥信息化学习的环境优势，让学生掌握信息时代的学习方法和学习手段。

本书作者均为多年从事基础教学，经验丰富的一线教师。全书由张青林、崔跃林主编。项目一由刘晓明、卫志东编写，项目二由钱鉴青、甘光生编写，项目三由张青林编写，项目四由何鲲、张青林编写，项目五由张青林、崔跃林编写，项目六由杨杰、胡煜编写。

本书虽经多次讨论并反复修改，但限于水平，不足之处仍在所难免，敬请广大读者批评指正。

编　者

2011 年 8 月

目　　录

项目一　认知计算机

实验一　计算机的拆卸与组装

【实验目的与要求】

（1）能够正确识别计算机各硬件设备，了解计算机硬件的发展。

（2）了解各硬件的基本技术参数。

（3）掌握拆卸和组装计算机硬件的方法。

知识准备

1．计算机硬件体系结构

计算机硬件是计算机系统中所有实际物理设备的总称。从硬件体系结构上来看，典型微型计算机硬件的基本结构包括中央处理器 CPU、存储器和输入/输出子系统三个主要组成部分，三者由系统总线连接，构成一个有机的整体。

2．计算机的硬件配置

个人计算机的基本硬件配置包括主机、显示器、键盘、鼠标四个部件，而主机又包含主板、机箱、电源、声卡、显卡等各种物理设备。其他外部设备则可以根据实际需要在此基础上添加，如图 1.1.1 所示。

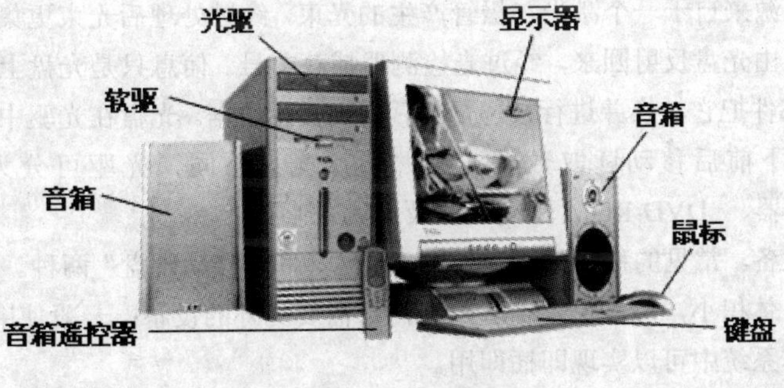

图 1.1.1　计算机的硬件系统

（1）CPU。CPU 即 Central Processing Unit（中央处理单元），其主频＝外频×倍频。CPU 采用的接口类型有引脚式、卡式、针脚式、触点式等，对应到主板上就有相应的插座类型。目前的 CPU 多采用触点式接口。常见的插座类型主要有 Intel 公司支持的 Socket 775 结构和 AMD 公司支持的 Socket AM2 结构，其他的还有 Socket 478，Socket 939，Socket 754 等结构，但已经趋于淘汰。

（2）内存储器。计算机中内存储器主要有 SDRAM（Synchronous Dynamic RAM）、DDR SDRAM（Double Data Rate SDRAM）、DDRⅡ SDRAM 和 RDRAM（Rambus DRAM）。其中，DDRⅡ SDRAM 为市场应用较为广泛的新型高性能内存储器。

内存储器的接口类型是根据内存条金手指上导电触片的数量来划分的，导电触片数也称为针脚数（Pin）。目前，台式机系统主要有 SIMM、DIMM 和 RIMM 三个系列的内存插槽。SIMM（Single Inline Memory Modules），单列直插式内存模组是 5X86 及其较早的 PC 机中常采用的内存接口方式，已经逐步被目前常见的 DIMM（Dual Inline Memory Modules）双列直插式存储模组所取代。RIMM（Rambus Inline Memory Modules）是 Rambus 公司为 RDRAM 内存所生产的特殊接口类型。SDRAM、DDRⅡ SDRAM 和 DDRⅢ SDRAM 同样采用 DIMM 系列的内存插槽，但其接口设计各不相同，因此相互之间无法兼容。

（3）外存储器。为了满足大量数据长久保存和方便携带的需要，各种类型的外存储器应运而生，如硬盘、光盘和一些新型的移动存储设备等。

● 硬盘。硬盘是目前主流的存储设备，硬盘和硬盘驱动器是集成在一起密封于一个盒状装置内部的，习惯上把两者统称为硬盘。硬盘按照不同接口类型可分为 IDE 接口硬盘、SATA 接口硬盘、SCSI 接口硬盘和 Fibre Channel 光纤通道接口硬盘。其性能主要由转速、缓存容量、接口类型、平均寻道时间、单碟容量和存储容量所决定，这些参数一般在硬盘表面的铭牌上都会有所标注。另外，硬盘的跳线设置、容量大小，生产厂商、型号、产地等都会在铭牌上有所体现。

硬盘的容量＝柱面数(Cylinders)×磁头数(Heads)×扇区数(Sectors)×512 字节

以希捷硬盘为例，其型号标识一般遵循“公司品牌＋外形尺寸＋存储容量＋缓存容量＋碟片数＋产品代数的更新＋接口类型”的编号原则。如图 1.1.2 所示为希捷公司生产的 3.5 英寸 500GB 容量 16MB 缓存的 4 碟片装 SATA 接口硬盘，产品代数越高表示硬盘越新。

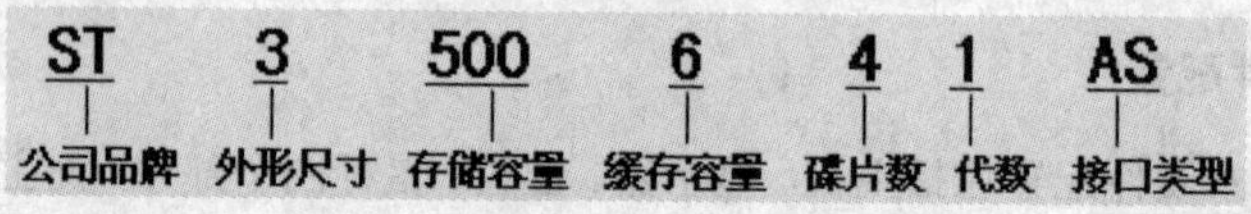

图 1.1.2 希捷硬盘型号标识

● 光盘驱动器。光盘驱动器简称光驱，是一个结合光学、机械及电子技术的产品。在光学和电子结合方面，激光光源来自于一个激光二极管产生的光束，经过处理后光束更集中且能精确控制，光束先打在光盘上，再由光盘反射回来，经过光检测器捕获信号。信息只是光盘上凹凸点的排列方式，驱动器中有专门的部件把它转换并进行校验，然后得到实际数据。光盘在光驱中高速地转动，激光头在伺服电机的控制下前后移动读取数据。按照所用光盘不同，光驱可分为 CD-ROM 驱动器、CDRW-ROM 驱动器、DVD-ROM 驱动器以及 DVD 刻录机。

● 移动存储设备。常见的移动存储设备有“优盘”和“移动硬盘”两种。它们共同的特点是容量较大，可靠性高，体积小，可以反复存取数据，不需要另外的设备；一般使用 USB 接口，支持热插拔，在常见的操作系统中可以实现即插即用。

（4）主板。主板安装在机箱内，它是计算机中最基本的也是最重要的部件之一，如图 1.1.3 所示。计算机系统中所有的设备都直接或间接地与主板相连，形成一套完整的系统。主板的性能及其对各硬件设备的支持，主要由南桥芯片和北桥芯片决定。北桥芯片负责与 CPU 的接口，控制 Cache、内存及 AGP 接口数据的传输和转换。南桥芯片负责 I/O 接口以及 IDE 设备的控制等。目前，主板上常见扩展插槽的类型主要有 PCI、AGP 和 PCI-E 三种，其中 PCI-Express 即 PCI-E 是最新的总线和接口标准。凭借其较高的数据传输速率，PCI-E 将全面取代现行的 PCI 和 AGP 标准，最终实现总线标准的统一。

图 1.1.3 主板

主板一侧的外围设备接口，主要承担着将主板的部分功能扩展至机箱外部的作用，各接口名称如图 1.1.4 所示。

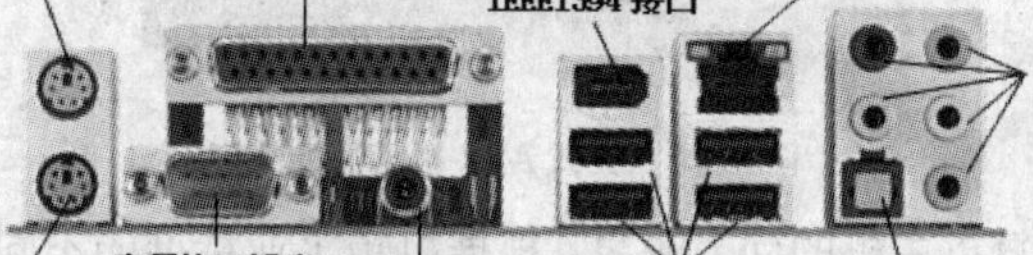

图 1.1.4 外围设备接口

（5）扩展卡。

● 显卡：又称为显示适配器，主要分为采用扩展卡式的独立显示卡和主板集成式显示卡两种。显卡中图形处理芯片的品质和显存的大小会直接关系到显卡的最终性能表现。当显示芯片处理完数据后会将数据输送到显存中，然后 RAMDAC 从显存中读取数据并将数字信号转换为模拟信号，再将信号输出到显示屏。新型显卡的输出端有 RCA 复合视频信号输出、DVI 数字信号输出、VGA 模拟信号输出三个接口。RCA 接口的外框为圆形，呈单针状，一般用来连接电视；DVI 接口的外框为长方形，呈两排插孔式排列，一般用来连接液晶类数字信号输出的显示器；VGA 接口的外框为梯形，呈三排插孔式排列，一般用来连接 CRT 类模拟信号输出的显示器。

● 声卡：声卡是实现声波 / 数字信号相互转换的一种硬件。目前，常见的声卡大致可以分为板卡式、集成式和外置式三种接口类型。板卡式通过主板上的扩展插槽与系统相连；集成式直接集成在主板上，不占据扩展插槽；外置式通过 USB 接口与计算机系统连接，移动性较强。声卡性能的优劣由频率响应、信噪比、总谐波失真、采样频率等物理性能参数决定，这些参数体现了声卡的总体音响特征，直接影响最终的播放效果。

● 网卡：也叫“网络适配器”，英文全称为“Network Interface Card”，简称“NIC”。网卡是网络中最基本的部件之一，它是连接计算机与网络的硬件设备。无论是双绞线连接、同轴电缆连接还是光纤连接，都必须借助于网卡才能实现数据通信。日常使用的网卡都是以太网网卡。按其传输速度不同可分为 10M 网卡、10 / 100M 自适应网卡以及千兆(1000M)网卡。

（6）输入、输出设备。输入设备主要用于向计算机输入命令、数据、文本、声音、图像和视频等信息，它们是计算机系统必不可少的重要组成部分。常用的输入设备有鼠标、键盘、手写笔、麦克风、摄像头、扫描仪等。

输出设备是将计算机处理的信息和响应输送出来，通过声、光、电信号传达给使用者，达到人机互动的目的。常用的输出设备有显示器、投影仪、打印机、音箱等。

（7）机箱。机箱一般由外壳、支架、散热风扇和面板上的各种开关、指示灯、外置接口组成，如图 1.1.5 所示。机箱结构按照摆放样式可分为立式和卧式两种，而按照工业标准则可分为 AT、ATX、BTX 及其诸多变种结构。

图 1.1.5　立式 ATX 机箱标准结构

（8）电源。电源是计算机主机的动力源泉，根据机箱工业标准的不同，电源也可分为 AT、ATX、BTX 及其诸多变种类型。目前，ATX 电源应用较为广泛。

ATX 电源提供有多组插头，四芯的 D 型电源插头用处最广泛，所有的 CD-ROM、DVD-ROM、CD-RW、硬盘甚至部分风扇都要用到它，如图 1.1.6 所示。

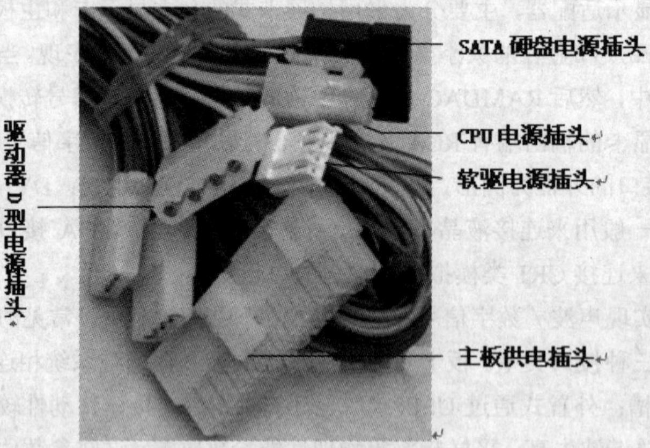

图 1.1.6　电源插头

3．工具准备

（1）磁性十字螺丝刀：用于拆卸和安装螺丝的工具。由于计算机上的螺丝全是十字形的，所以只须准备一把十字螺丝刀即可。磁性螺丝刀可以吸住螺丝，方便拆装，因此拆装计算机时最好能够选用带磁性的螺丝刀。

（2）尖嘴钳子：可用来拆除机箱后挡板，配合十字螺丝刀拧紧机箱底板上固定主板的铜柱，钳开产品包装盒、包装封条、线卡等。

（3）长颈镊子：可用来拆装跳线帽，夹取螺丝及其他的一些零碎东西。

（4）一字螺丝刀：由于有些计算机机箱与机架结合比较紧密，在无法靠手掌摩擦力将机箱与机架分离时，需准备一字螺丝刀，插入机箱与机架的接合部，均匀发力，轻微外撬机箱，使机箱与机架分离。

4．注意事项

（1）防止静电伤害：由于衣物相互摩擦很容易产生静电，特别是在冬季、环境干燥的情况下，产生的静电甚至可以将集成电路内部击穿，造成设备损坏。因此，最好在拆装计算机前，用手触摸接地的导电体或洗手以释放身上携带的静电荷。

（2）清理装配环境：在拆装计算机时，应保持环境的清洁卫生，尽量避免大量粉尘、颗粒、液体、异物等侵入设备内部，这些因素都可能造成部件的接触不良、设备的短路甚至是器件的损毁，所以在拆装机之前，要认真清理操作环境，避免意外的事件发生。

（3）注意用电安全：计算机各部件在硬件拆装开始之前必须切断所有电源，对于一些高压储电设备不得自行拆开。计算机各部件在硬件组装完成之前请勿接通电源，安装结束试电前，必须认真检查各部件电源插头和插座是否连接紧密，方向是否正确，然后再接电试机。

（4）避免粗暴拆装：拆装过程一定要注意利用适当的工具，使用正确的方法，对于不易拆装的部件要仔细观察，不要强行拆装。现在的计算机部件通常都设有“防错设计”，一般不会轻易接错。对于不清楚的地方要仔细查阅说明书，不要强行安装。对于安装不到位的设备应认真调整，不能强行使用螺丝固定，以免造成板卡变形，日后易发生断裂或接触不良的情况。计算机部件的集成度都很高，稍微用力不当就可能损坏变形。

（5）注意部件摆放：拆卸下来的部件要轻拿轻放，不得随意乱丢乱放，防止丢失或损坏。对于板卡等没有外部保护措施的设备，不得叠放，不得直接将电路板放在坚硬的桌面上。

【实验内容与步骤】

一、整机拆卸

1．切断电源

为确保拆机过程安全，在拆机之前，应首先检查计算机的各部分供电电源是否切断，不得带电操作。对于一些高压储电设备，如显示器、UPS 等不得自行拆开。

2．去除外部设备

拧开显示器与主机箱显卡的连接线接口螺丝，捏住接头位置拔出连接线；网线与网卡连接的水晶头带有一个卡子，需要捏紧卡子才能将网线拔出。拔除外围其他设备及其线缆时需要注意，不得使用蛮力，更不能拉着线强行拔除，否则容易造成连接线缆的内部金属线断裂或接触不良，出现莫名故障。

3．卸下机箱侧板

立于机箱后侧，用十字螺丝刀按逆时针方向拧下固定机箱右侧板的螺丝，并收集螺丝于小零件盒中。将手掌展开，平贴于右侧板凹槽上，拇指抵住机箱架，用手掌面与机箱侧板之间的摩擦力将侧板拉出机箱架的卡槽。若侧板与机箱架结合比较紧密，无法将侧面板拉出卡槽时，可用一字螺丝刀插入侧板与机架的接合缝中，均匀发力、轻微外撬，待出现松动后，再尝试拆除。外撬时，需找多个撬点尝试，在同一接合缝处用力不能过大，否则易造成侧板钢板变形。

遇到整体型外壳的机箱，需要拧下机箱后部两侧和顶侧的固定螺丝，双手合力按照同样的方法打开机箱外壳。

4. 拔除线缆

将卸下侧板的机箱平放于桌面上，剪断内部线缆上的捆线扎，使线缆相互分离。剪除过程中需要小心，切勿将线缆剪断或破损线缆外皮。捏住线缆与设备的接头位置将各类线缆拔除。若遇到较难拔出的接头，可尝试捏住接头左右轻轻晃动，缓慢拔出。

5. 拆除电源

拔除线缆后，拧松机箱电源后侧的固定螺丝，用手扶住电源后，拧下螺丝将电源拆除，如图 1.1.7 所示。

图 1.1.7 拆除电源

6. 拔除扩展卡

拧下显卡尾侧固定螺丝，避开显卡上的电容、风扇、散热片等易松动元器件，捏住卡面拔出扩展卡。拔除过程中需前后均匀用力，切勿将卡从一头拔出。拔除其他各类扩展卡同此法，不再赘述。

7. 移除外存储器

按照步骤 3 所示方法，拆除机箱左侧板，拧松硬盘两侧的固定螺丝。避开硬盘上的电路板捏住硬盘，拆除螺丝，从机箱内部将硬盘取出。光驱的拆除与硬盘同法，区别在于光驱是从机箱前面板取出的。

8. 卸下主板

用手扶住主板，拧松将主板固定在机箱底板上的螺丝。为防止主板轻微变形或与底板接触造成短路，一般在底板的铜固定柱上都会适量安装几个呈伞状的塑料主板固定帽。当螺丝全部卸下后，可查找塑料主板固定帽，用尖嘴钳子捏紧其锥状顶部，并抬起主板，即可脱离塑料帽的固定。将主板卸下后，应避开板上易松动元器件，双手捏住主板两边，将主板移出机箱，小心平放于操作台的垫子上。

9. 拔出内存

将内存插槽两端的白色塑料卡子向两边扳开，待内存自动跳出后，捏住内存条上内存颗粒的位置小心拔出。

10．卸下 CPU 散热器

老款扣件式散热器两边的形状是不同的，如图 1.1.8 所示。散热器一头是简单的镂空小环，另一头是带有扶手的镂空小钩。向下按带扶手的一侧，使其脱离 CPU 插座上的凸块，调整位置使另一端的小环也脱离凸块。捏住散热片，稍微用力上提即可卸除。散热器与 CPU 之间涂抹的硅脂具有一定的黏性，若卸除散热器时遇到阻力，可尝试先捏住散热片轻微用力转动。

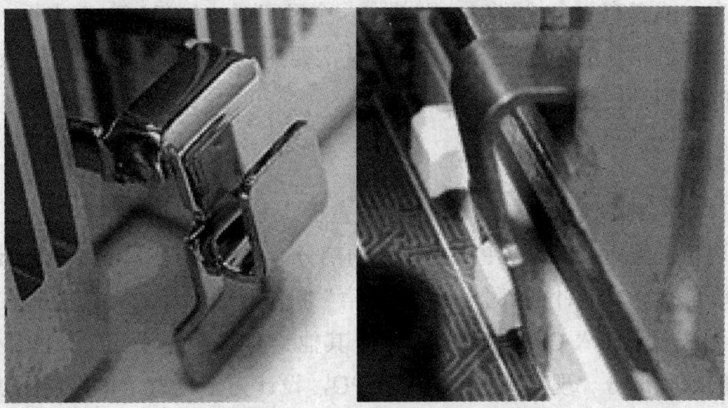

图 1.1.8　扣件式散热器的镂空小钩

对于新款散热器的拆除，直接拧下固定在主板上的散热器支架的螺丝，将散热器与支架一起卸下即可。

11．取出 CPU

卸下 CPU 散热器后，就能够看到固定在插座上的 CPU 了。拆卸 CPU 时，首先应将 CPU 插座旁边的 ZIF 拉杆外扳，如图 1.1.9 所示。离开设计在 CPU 插座旁边卡住拉杆的凸块后，将拉杆扳起至与主板垂直的位置，然后捏住 CPU 陶瓷基板的两侧，微力上提即可取出 CPU。在取出过程中应注意始终保持基板与主板的水平，切勿将 CPU 一角提前撬起，造成 CPU 针脚弯曲。取出的 CPU 应将背板在工作台面放置，防止针脚弯曲。

图 1.1.9　Intel 处理器插座

将拆下的各部件摆放整齐，除光驱等具有坚固外壳的设备允许叠放外，其他设备最好单独放置，收集的螺丝应全部放在小零件盒中。

至此，计算机硬件系统的整机拆卸全部完成。

二、整机组装

1. 安装电源

将电源放进机箱后侧的电源固定架上，并将电源上的螺丝固定孔与机箱上的固定孔对正。先在对角位置拧上两颗螺丝，固定住电源，然后再将剩下的两颗螺丝对正位置拧紧即可。

在安装电源时，要特别注意两点。首先要注意在将电源放入机箱内这个过程中电源放入的方向。有些电源有两个风扇，或者有一个排风口，则其中一个风扇或排风口应对着主板，放入后稍稍调整，让电源上的4个螺丝和机箱上的固定孔分别对齐。其次要注意将电源线整理成一束，再小心地穿过机架，以免有些劣质的机箱钢板将线缆刮破造成短路。

2. 安装CPU

安装CPU之前，应仔细观察平放在操作台上的主板，可以发现CPU插座中有些边角处并没有针孔，这些缺针孔的边角位置对应的是CPU上缺针的部分。以Intel公司的Pentium4处理器为例，如图1.1.10所示，其边角有一块缺针的部分呈“斜三角”状，与插座上缺孔的“斜三角”相对应。如果方向反了，CPU是无法顺利嵌入CPU插座的。至于其他类型的各型号CPU，也都设计有相应的缺针部分，对应着插座的缺孔部分。现在有些型号的CPU，设计为多个缺角，不便于识别CPU的安装方向，但在其金属外壳的一个边角上一般都印制有金黄色的小三角符号，与主板上处理器插座一角印制的小三角符号相对应，只须对齐三角符号插入即可。

图 1.1.10　Intel 处理器

安装CPU时应该先轻轻地将CPU插座旁边的ZIF拉杆外扳，离开设计在CPU插座旁边卡住拉杆的凸块后，将拉杆扳起至与主板垂直位置，此时应首先确定CPU针脚的缺角方向，然后将CPU针脚对准插座上针孔的位置，缓缓地插入CPU插座，再稍微向下按CPU。

一般情况下，这个过程不需要使用太大的力量，如果遇到CPU无法顺利嵌入插座的现象，切勿强行下压CPU，以免造成针脚的弯折。而应先检查一下拉杆是否扳起到位、CPU的摆放方向是否正确、插针是否弯曲、插座中是否有异物堵塞针孔，待排除这些问题后再尝试将CPU插入。

待CPU完全插入插座之后，再将ZIF拉杆下扳至与主板水平的位置，并卡入CPU插座旁边的凸块，即可将CPU完全固定。

3. 安装CPU散热器

安装完CPU后，应用柔软的纸巾将CPU金属盖板擦拭干净，再将导热硅脂在CPU的表面均匀地涂上一层，这样做可以确保CPU与散热片之间紧密接触，增强CPU的散热能力。导热硅脂不能涂太多，应该以装上CPU风扇后不溢出为标准。涂抹时只须在CPU核心表面或者CPU金属保护盖的表面点上黄豆大小的一块，再用IC卡等硬质卡片刮抹均匀即可。硅脂容易吸附灰尘，涂抹得太多，反而会影响散热，而且一旦有些含有少量导电物质的导热硅脂溢出在主板上，还会引起线路短路，造成线路故障，甚至会烧毁主板或CPU。在Pentium4系列处理器的金属保护盖上有一个小小的圆孔，主要用来调节内外气压平衡，并辅助金属盖内部散热，在涂抹硅脂时一定不要将此孔堵住。

对于老款的扣件式散热器，为了保证散热片和CPU核心接触紧密，其扣件往往设计得十分紧，因此在安装时千万不能使蛮力，以免造成扣件、CPU插座凸块甚至是CPU的损坏。这类散热器的安装可参照拆卸时的逆程序，先把散热片倾斜一个角度搭放在CPU表面，将风扇没有扶手一端的镂空小环扣住CPU插座旁边的凸块，如图1.1.11所示；然后将散热片盖住CPU，同时用手指按下风扇另一端的扶手，使之扣住CPU插座另一端的凸块。拿起主板，从侧面观察散热片是否与CPU顶盖平行，并轻幅调整散热器的位置，使散热片与CPU顶盖完全接触，如图1.1.12所示。

图 1.1.11　扣住凸块

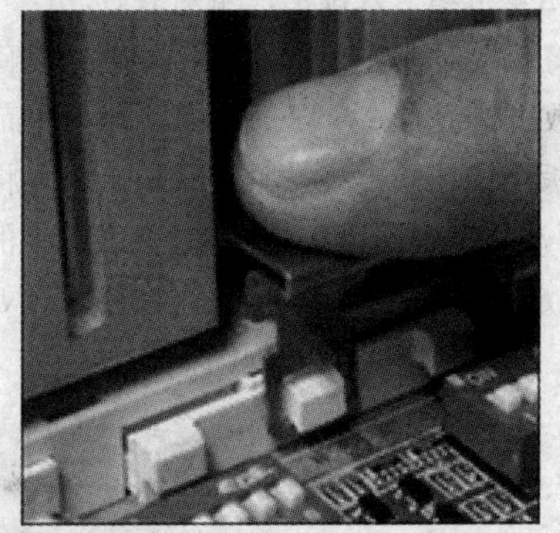

图 1.1.12　按下扶手

对于新款散热器的安装，可先仔细观察主板，一般在CPU插座所在位置的主板附近，有四个类似于主板螺丝固定孔的圆孔。取出散热器配套部件中的散热器支架和螺丝，用螺丝先将散热器支架固定在主板上；然后取出散热器，将散热器对准散热器支架，用拇指和食指按住散热器四角，同时均匀用力轻轻下压，听到“咔”的一声之后，散热器就固定到CPU上了。

风扇安装完成后，切记将风扇电源接头连接到主板的风扇供电电源接头上，否则CPU将会在开机的一瞬间因核心温度过高而烧毁。如今CPU风扇都采用3pin电源接口，一般位于主板上CPU插座的附近，如图1.1.13所示。这种3pin电源接口设计为“Π”字型的导向小槽，可以用来判断接口方向，因此不用担心插反。

4．安装内存

将内存插槽两端的白色塑料卡子向两边扳开，内存插槽中一般有一个或两个不对称的凸起定位点，恰好与内存条金手指上的缺口对应，可防止内存条插反。根据内存金手指部分的缺口与两边金手指的长短判断正反方向，将内存上的凹槽对准内存插槽上凸起的定位点，沿着两旁沟槽，放入插槽中，如图1.1.14所示。

然后用双手拇指按住内存条两边均匀用力垂直下压，待完全插入后，内存插槽两端的塑料卡子会自动弹起，卡进内存条两旁的凹槽中，确保内存稳固。安装时注意用力要均匀，不可侧压或将内存一边先压入，这样都会导致内存的损坏或接触不良。

图 1.1.13 接好风扇电源

图 1.1.14 安装内存

5. 固定主板

待主板系统上的各部件安装完成后，首先根据主板接口情况，将机箱后侧 I/O 接口穿出所使用的后挡板卸下。对比接口和挡板，把所有接口对应位置的金属片用尖嘴钳子顶开，然后折断去除。将处理好的挡板贴紧机箱卡入锁槽，重新装好。

然后，将主板对准 I/O 接口的位置放入机箱，使主板上的螺丝固定孔对齐底板上的固定柱螺丝孔位置，大多数主板会有 6 个以上的螺丝固定孔需要上螺丝固定。取出主板，用尖嘴钳子配合十字螺丝刀将固定主板用的铜固定柱拧紧在底板上，并将适量塑料主板固定帽提前装好。

最后，再次将主板放入机箱内部，使底板上的塑料固定帽从主板上的螺丝固定孔中穿出卡住主板，并将其他固定孔与底板上面的固定柱一一对应，加入垫片上紧螺丝，将主板固定，如图 1.1.15 所示。

图 1.1.15 完成安装的主板

6. 安装硬盘

查看 IDE 硬盘金属盖铭牌内关于跳线的说明，首先用长颈镊子调整跳线帽，改变硬盘的跳线设置，确定硬盘的主从属性。

然后，单手捏住硬盘，将硬盘的金属面向上，接口部分朝向机箱内部，并从机箱内部对准 3 寸安装插槽后，将硬盘推入至硬盘的螺丝孔与机箱上的螺丝孔对齐的位置。

最后，用粗螺纹螺丝固定好即可。由于硬盘工作时其内部的磁头会高速旋转产生震动，因此必须保证硬盘安装到位，固定稳固。螺丝不能拧得太紧或太松，太紧的话螺丝容易滑丝，太松了硬盘又会因震动而受到损伤。在上螺丝时，不要贪图省事少上螺丝，一侧至少需要 2 颗螺丝固定；而且切勿一次性拧好一边的螺丝，然后再去拧另一边的，而应使各螺丝的拧入进度均衡。否则硬盘可能会因两边受力不均而影响正常使用。螺丝固定完成后，可用手捏住硬盘，轻轻摇动，确定是否接合紧密、稳固，如图 1.1.16 所示。

图 1.1.16 固定硬盘

SATA 硬盘的安装方法及要求与 IDE 硬盘类似，所不同的是 SATA 硬盘不需要进行跳线设置。

7．安装光驱

光驱的安装方法及要求与硬盘也很类似，但光驱无须跳线，因为其跳线一般在出厂后均设置从盘。安装前，可先拆掉机箱前面板的一个 5 寸挡板，然后根据光驱前面板的键位使光驱处于按键在托盘出入口下方，接口部分朝向机箱内部的方向，从前面板推入。光驱的前面板和机箱的前面板平齐后，再固定光驱。

如果使用机箱自带的光驱外面板时，需要仔细调整光驱的位置，待光驱外面板的出盘键按下有轻微的弹压感后，方可将光驱固定。

8．安装扩展卡

待光驱安装完成后，可选择安装各类扩展卡。安装之前，首先要卸下机箱后侧的挡板，然后对准位置，将板卡上接头的挡板放入主板和机箱的空隙之间，不要接触主板。随后用手掌稍稍用力下压，将扩展卡垂直插入对应的主板插槽中。为避免扩展卡金手指的金属触点与 AGP 插槽接触不良，务必确认板卡底部的金手指完全插入槽中。最后对准板卡挡板上方的缺口与螺丝孔，上紧螺丝使扩展卡固定于机箱架上。

各扩展卡安装过程中，除了所使用的总线插槽不同外，安装步骤几乎是完全相同的。需要注意的是，为避免扩展卡之间的相互影响，并利于空气流通散热，各扩展卡安装的位置应尽量分散。

9．连接各类线缆

当机箱内各部件完成安装后，需要将其相互的线缆连接起来，才能够正常工作。这些线缆大致分为机箱前面板的开关和信号灯与主板的信号连接线、供电电缆、机箱前置 USB 接口连接线、音频连接线、设备数据连接线五类。

（1）机箱前面板的开关和信号灯与主板的信号连接线。机箱前面板上的开关、信号灯和外置接口，都需要与主板左下角靠近边缘的双排插针一一连接。插针的具体定义，可观察主板 PCB 上的字符或查阅主板说明书得知。

在一般情况下，需要连接前面板开关与信号灯的有：PC 喇叭、硬盘信号灯、电源信号灯、ATX 开关、Reset 开关，其中 ATX 开关和 Reset 开关在连接时不分正负极，而 PC 喇叭、硬盘信号灯和电源信号灯则需要注意正负极，白线或者黑线表示连接负极，彩色线（一般为红线、绿线或者蓝线）表示连接正极。通常，在两条色线中，若有红线，该线一定是正极；若有白线，则该线一定是负极；若无红、白色线，则黑色代表负极。

（2）供电电缆。此类线缆均出自机箱后部安装的电源，其中 24 芯的主板插头只有一个且具有方向性，电源插头的一侧设计有一个夹子，可以有效地防止插错，并且可以钩住主板上电源插座一侧的小凸块，不至于让接头松动导致主板在工作状态下突然断电；四芯 D 型插头和四芯小驱动器专用插头在安装时比较简单，各插头都有一个圆弧形的边角，只要依照相应的方向对准主板上的插座的圆弧形边角插到底即可；CPU 电源插头对应的插槽一般设计在主板 CPU 插座附近，非常易于查找和安装；SATA 接口硬盘电源插头与 IDE 接口硬盘电源插头不同，采用单排 15 针接口，如主板未提供相应的 SATA 硬盘电源接口时，需使用相应的转接线，将 4 芯 D 型电源插头转换成 SATA 硬盘使用的 15 针电源插头。如果硬盘同时具备 SATA 电源插头和 4 芯电源插头，则只须要选择连接一种插头即可，若同时连接两种电源插头则会将硬盘烧坏。

（3）机箱前置 USB 接口连接线。其由主板上空闲 USB 插针引出，用合适的连接线连接到机箱前面板的 USB 接口插脚上即可。需要注意的是，在插入时千万不能搞错方向，不然可能烧毁 USB 设备或 USB 接口。机箱 USB 插针一般是 4 Pin＋1 Pin，使用不同的颜色标记，其定义分别是 Ground 接地（黑色）、Data+（绿色）、Data-（白色）以及 Vcc 高位电压（红色）。

（4）音频线。为了使光驱中读出的 Audio CD 能够通过声卡直接播放，建议使用 2 Pin 的数字信号音频线，如果该声卡不具备数字信号输出接口，可改用 4 Pin 的模拟输出线。4 Pin 分别代表左、右声道接点和两个地线接点，R 代表右声道，L 代表左声道，G 代表地线。在连接时，注意将光驱和声卡的左、右声道与地线一一对应即可。

（5）设备数据连接线。根据接口的不同，又可细分为两类：IDE 接口设备连接线和 SATA 接口硬盘数据线。

1）IDE 接口设备数据连接线的安装较为复杂，需要区分设备的主从设置，然后连接。如图 1.1.17 所示为 SATA 接口和 IDE 接口设备的数据连接线。通常，在主板上一般都有两个 IDE 接口，标识为 IDE1（Primary IDE）主接口和 IDE2（Secondary IDE）副接口。而每一根数据连接线则可以有三个接口，其中一个接主板的 IDE 接口，另两个则可以接两个硬盘或一个硬盘与一个光驱。在同一根连接线上如果接两个 IDE 接口设备，则其中一个应设置为主盘，另一个设置为从盘。在通常情况下，同一条排线上的设备速度会相互影响，因此一般说来，尽量不要把速度不同的两个设备用同一条排线连接。如果只须安装一个光驱和一个硬盘，最好将这两个 IDE 设备挂接在不同的 IDE 接口上。主硬盘，也就是启动系统的硬盘必须作为主设备接到主 IDE1 接口上，光驱等设备可以连接在 IDE2 接口上，这样可以稍微提高一些性能。主板上的接口和设备接口连接时同样遵循色线对应接口上第一针的原则。

图 1.1.17 IDE 和 SATA 接口设备数据连接线

2）SATA 接口硬盘数据线连接起来比较方便。SATA 接口的硬盘无须设置主从盘，只须将带有“L”形防拔设计的插头一端与硬盘上的插槽连接，另一端与主板上的 SATA 接口相连即可。

10．捆扎线缆

安装好的机箱内部有很多连接线，往往硬盘数据线、电源线、音频线、USB 设备连接线会杂乱无章地夹杂在一起，这样它们不仅会互相干扰，而且会严重影响各设备的散热和机箱内部气流的运动。因此，在封闭机箱之前，还需要用线卡把所有的线扎好，固定在远离 CPU 风扇的地方。

11．安装机箱侧面板

当机箱内部设备安装完成后，为防止辐射和灰尘，需要安装好机箱侧面板。将侧面板的卡舌对准机箱架侧面的卡槽向侧前方推入，务必使侧面板与机箱架结合紧密，防止内部辐射向外泄漏对人体造成伤害。检查各部分结合紧密之后，再将侧面板后部与机箱架用螺丝固定牢固即可。

12．连接外部设备

完成主机安装后，还需要将其他常用的外部设备与主机相连接，才能组成一套完整的计算机系统。以下主要讲解显示器、鼠标、键盘、音箱和打印机的连接方法。

（1）显示器的连接。可以由独立电源供电也可以通过主机电源供电，只须将电源连接线的一端接于显示器后，另外一端连接到电源插座上即可。然后把显示器后部的信号线与机箱后面显卡的信号输出接口端相连接，并将两旁的旋钮螺丝拧紧即可。

（2）键盘和鼠标的连接。鼠标、键盘一般分为 PS/2 接口和 USB 接口，PS/2 接口上带有防止插错的方形凹孔设计，对应插头上的方形塑料插针。连接时要注意其方向，不能使用蛮力插拔，否则会造成插头内插针的弯折。有些 PS/2 插头上还设计有箭头指示，箭头所指方向为接口的凹孔缺针位置。通常鼠标的 PS/2 接口为绿色，而键盘为紫色，若无色彩标记，则靠近主板一侧为键盘接口。连接位置错误时，计算机将无法正常工作。USB 接口无特殊位置限定，只须按相应方向插入机箱上任意 USB 接口，系统便会检测到相应设备并将其启动。

（3）音箱的连接。可先将放置于显示器左侧的左声道音箱的音频线接入到重低音音箱的 L 声道功率输出接口中，对应地完成右声道音箱和 R 声道功率输出接口的连接。注意音箱线的接线要对应接入功率输出接口，并将插头完全插入，以保证接触良好，防止因插头松动而影响正常的音质。然后取出附件中提供的带有线控器的音频信号线，将 3.5 芯的立体声插头白色一端插入重低音音箱背部的音频信号输入(Audio in)插座上，红色一端插入计算机声卡上的音频输出端口(Line out)。最后，使电源开关置于关闭位置(Off)后，将附件中提供的电源线接入到重低音音箱背板上的电源插孔，将电源线的电源插头插入电源插板上，把主音量调节旋钮调至适当的位置，打开电源开关，即可完成音箱的硬件连接。

（4）打印机的连接。通常按照接口分为并口打印机和 USB 口打印机。并口打印机的连接可先将 25 针插头连接到计算机后面板中的 LPT 端口上，并将两旁的旋钮螺丝拧紧以固定连接头，另外一端插入打印机信号输出端口上，并将两旁的扣环扳入连接头，接通电源即可。USB 口打印机的连接可先将打印机的 USB 数据线一端插入打印机的 USB 接口上，而另一端插入计算机上的任意一个 USB 接口并接通电源即可。

13．接电自检

当所有的硬件设备都安装完成后，把主机电源线的一端连接到交流电的插座上，另一端连接到机箱后面的电源插口中。再重新检查所有连接的地方，确认无误后，就可以给主机加电了。

按下计算机前面板上的 POWER 键，电源指示灯亮，硬盘指示灯闪烁，显示器的指示灯由黄变绿，表示读取到图像信号。此时，开始出现开机画面，并开始进行自检。

至此计算机硬件系统的组装步骤完成。

实验二 计算机的开/关机与键盘操作

【实验目的与要求】

（1）熟悉计算机的使用环境，了解微型计算机硬件系统的组成及系统配置。

（2）掌握微型计算机的开、关机的操作步骤。

（3）熟悉键盘各键位的功能和正确的指法操作。

（4）学会使用一种指法练习。

【实验内容与步骤】

一、开机和关机

1．计算机的使用环境

在老师的指导下，熟悉计算机的使用环境、机房的各项管理制度等。计算机的使用环境主要包括：

（1）温度。计算机的工作温度应为10～30℃。过高的温度会使计算机中的元器件加速老化或损坏，低温也容易造成数据读写出错。

（2）湿度。开机时，空气的相对湿度为40%～70%；关机时，相对湿度为30%～80%。过高的湿度使元器件表面结露，腐蚀电路造成短路，湿度过低容易产生静电，烧坏芯片。

（3）洁净度。灰尘在计算机内部长期积累后，往往会引起电路短路。因此，计算机应放在一个相对较为清洁的环境中。

（4）电磁干扰。较强的磁场环境很容易造成硬盘上数据的丢失。强磁场还会影响计算机的正常运行，使显示器产生花斑、抖动等。电磁干扰主要来源于音响、电机、大功率电器、电源等，在使用时应尽量远离电磁干扰源。

（5）电源。供电电源对计算机的影响很大，电压过高，很容易造成计算机的损坏，交流电正常的使用范围应在220V±10%，频率范围应在50Hz±5%，并且有良好的接地系统，最好使用UPS不间断电源来保护计算机。

2．开关和指示灯

熟悉主机箱前面板上的开关和指示灯。

（1）电源开关Power和指示灯。电源开关用于启动或关闭计算机，当电源开关打开时，指示灯处于亮的状态。

（2）复位按钮Reset。该按钮用于实现在计算机使用过程中的重新启动，可不必关掉电源。

（3）硬盘指示灯。当计算机读写硬盘时，该指示灯亮。

3．开机与关机

（1）开机。先打开所有的外围设备电源开关，然后再打开主机电源开关。

（2）关机。先关闭主机电源开关，然后再关闭所有外围设备电源开关。

（3）复位启动。当计算机处于工作状态时，若想重新启动则可按 Reset 按钮进行重新启动。

二、启动和退出 Windows XP

1. 启动 Windows XP

一般来说，启动计算机就是启动一个操作系统。打开外围设备的电源开关后，按下主机箱面板上电源开关（一般标有 Power），计算机立即开始引导系统。稍等片刻，将出现 Windows XP 的“桌面”，如图 1.2.1 所示，说明启动成功。

图 1.2.1 Windows XP 的“桌面”

如果是启动 Windows XP 后需要重新启动，可以单击“开始”按钮，选取“关闭计算机”命令，在“关闭计算机”对话框内单击“重新启动”按钮。

2. 退出 Windows XP

（1）关闭当前正在运行的程序。

（2）单击“开始”按钮，选取“关闭计算机”命令，再在如图 1.2.2 所示的“关闭计算机”对话框内单击“关闭”按钮。

图 1.2.2 “关闭计算机”对话框

（3）关闭外围设备的电源。

实验三 用搜狗拼音等汉字输入法输入汉字

【实验目的与要求】

（1）掌握一种常用汉字输入法的使用方法。

（2）了解其他汉字输入法。

【实验内容与步骤】

1．“词库”选项卡

搜狗“词库”选项卡如图 1.3.1 所示。

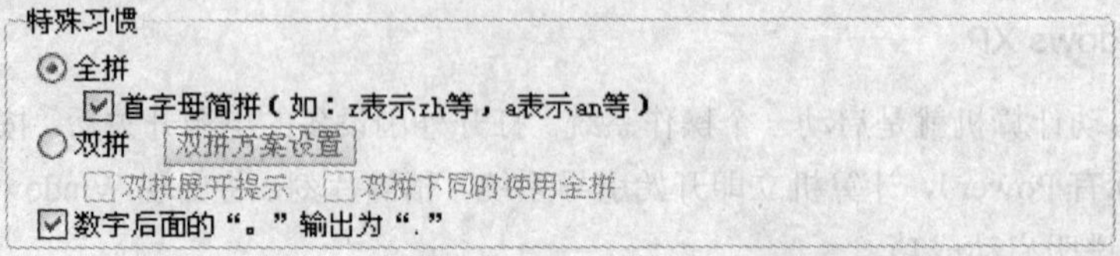

图 1.3.1 “词库”选项卡

搜狗输入法支持全拼、简拼、双拼方式。简单介绍如下：全拼是输入完整的拼音序列来输入汉字，例如要输入“超级女声”可以输入“chaojinvsheng”。选中简拼，可以进行简拼和全拼的混合输入。使用简拼的方法是选中“首字母简拼”后，可以用“cjns”表示“超级女声”，此功能默认开启。双拼是用定义好的单字母代替较长的多字母韵母或声母来进行汉字输入的一种方式。

打开“双拼展开提示”后，会在输入的双拼后面给出其代表的全拼的拼音提示。

打开“双拼下同时使用全拼”后，双拼和全拼将可以共存输入。经过我们的观察实验，两者基本上没有冲突，这可以供双拼新手初学双拼时使用。

2．词库管理

通过词库管理中的选项可以备份、还原、删除用户词库。

3．细胞词库

细胞词库是搜狗首创的、开放共享、可在线升级的细分化词库功能。细胞词库包括但不限于专业词库，通过选取合适的细胞词库，搜狗拼音输入法可以覆盖几乎所有的中文词汇。细胞词库管理界面如图 1.3.2 所示。

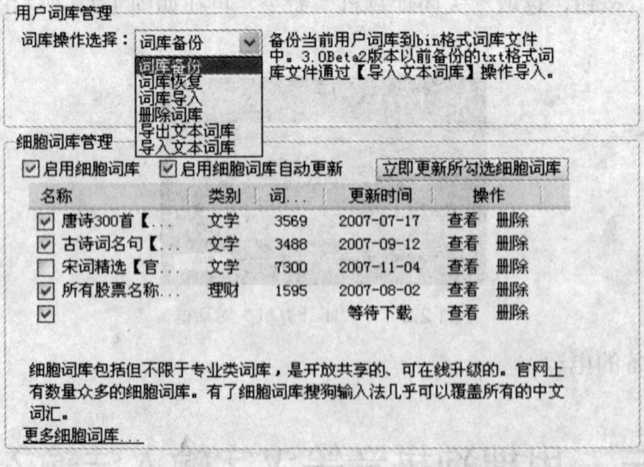

图 1.3.2 细胞词库管理界面

打开【启用细胞词库】后，细胞词库内的词条会添加到您的词库中。

打开【启用细胞词库自动更新】后，输入法就能够在线更新词库了。频率大概为每周 1～2 次，网络上的新词就能自动更新到你的词库中，让你与网络保持同步。搜狗输入法是所有输入法中第一个拥有词库在线更新功能的。

4. 快速输入人名——人名智能组词模式

输入准备输入的人名的拼音，使用搜狗输入法识别人名可能性很大，会在候选中有带序号标记的候选出现，这就是人名智能组词给出的其中一个人名，并且输入框有“按逗号进入人名组词模式”的提示，如果提供的人名选项不是想要的，那么此时可以按逗号进入人名组词模式，选择想要的人名，如图 1.3.3 所示。

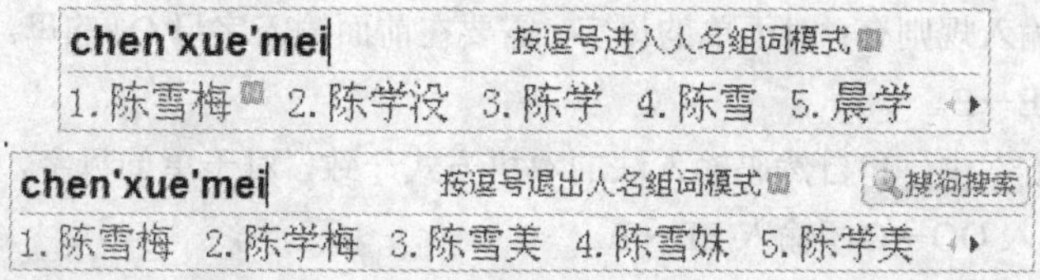

图 1.3.3 输入人名界面

搜狗拼音输入法的人名智能组词模式并非搜集整个中国的人名库，而是通过智能分析，计算出合适的人名得出结果，可组出的人名逾十亿。

5. 使用自定义短语

自定义短语是通过特定字符串来输入自定义好的文本，可以通过输入框上拼音串上的“添加短语”，或者通过候选项中的短语项的“编辑短语”来进行短语的添加、编辑和删除，如图 1.3.4 所示。

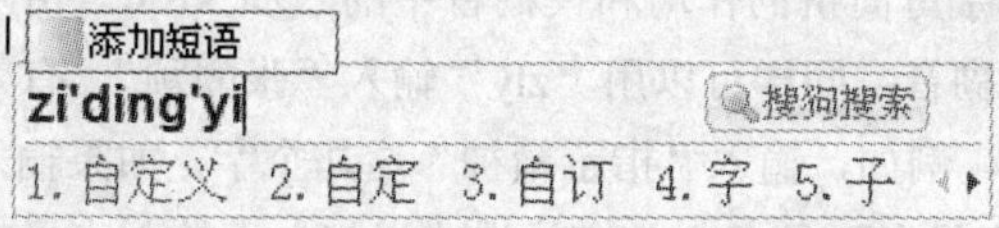

图 1.3.4 添加短语界面

设置自己常用的自定义短语可以提高输入效率。例如，使用 yx,1=wangshi@sogou.com，输入了 yx，然后按下空格就输入了 wangshi@sogou.com；使用 sfz,1=130123456789，输入了 sfz，然后按下空格就可以输入 130123456789。

自定义短语在设置选项的“高级”选项卡中，默认开启。单击“自定义短语设置”即可，其界面如图 1.3.5 所示，也可以在这里添加、删除、修改自定义短语，经过改进后的自定义短语支持设置多行、空格以及指定位置。

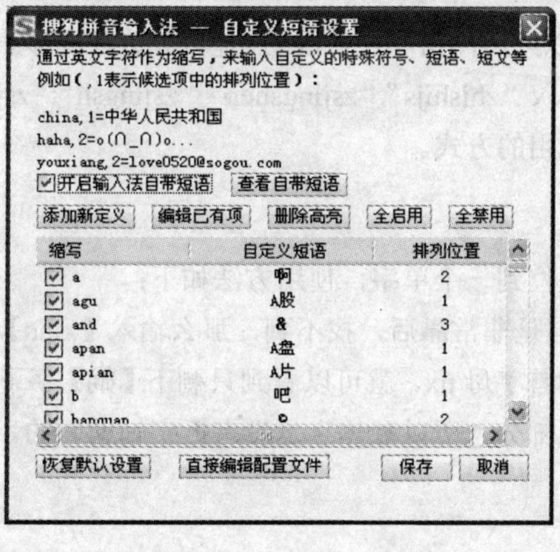

图 1.3.5 自定义短语设置界面

6．双拼

双拼是用定义好的单字母代替较长的多字母韵母或声母来进行汉字输入的一种方式。例如：如果T=t，M=ian，键入两个字母“TM”就会等同于输入拼音“tian”。使用双拼可以减少击键次数，但是需要记忆字母对应的键位，但是熟练之后效率会有一定提高。

如果使用双拼，要在设置属性窗口把双拼选上即可。

特殊拼音的双拼输入规则有：对于单韵母字，需要在前面输入字母O+韵母。例如：输入OA→A，输入OO→O，输入OE→E。

而在自然码双拼方案中，和自然码输入法的双拼方式一致，对于单韵母字，需要输入双韵母，例如：输入AA→A，输入OO→O，输入EE→E。

7．简拼

简拼是输入声母或声母的首字母来进行汉字输入的一种方式，有效地利用简拼，可以大大地提高输入汉字的效率。搜狗输入法现在支持的是声母简拼和声母的首字母简拼。例如：你想输入“张靓颖”，只要输入“zhly”或者“zly”都可以输入“张靓颖”。

同时，搜狗输入法支持简拼和全拼的混合输入，例如：你输入“srf”“sruf”“shrfa”都可以输入“输入法”3个汉字。

请注意：这里声母的首字母简拼的作用和模糊音中的“z，s，c”相同。但是，这属于两回事，即使你没有选择设置里的模糊音，同样可以用“zly”输入“张靓颖”。有效地用声母的首字母简拼可以提高输入效率，减少误打。例如，输入“指示精神”这几个字，如果输入传统的声母简拼，只能输入“zhshjsh”，需要输入的字母多而且多个h容易造成误打，而输入声母的首字母简拼，“zsjs”同样能很快得到你想要的词。

简拼模式1：

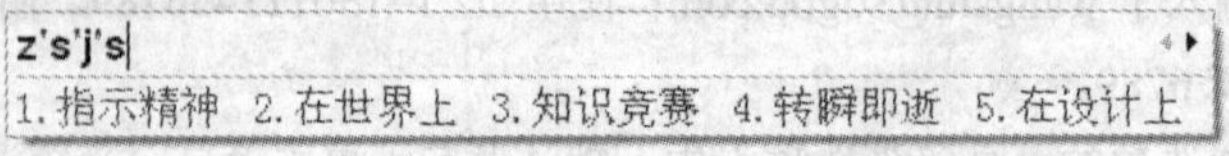

简拼模式2：

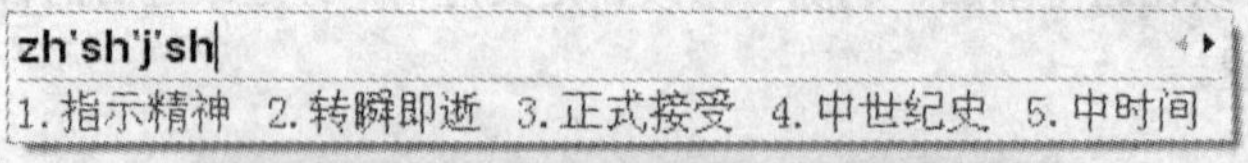

由于简拼候选词过多，可以采用简拼和全拼混用的模式，这样能够兼顾最少输入字母和输入效率。例如，输入“指示精神”时输入“zhishijs”“zsjingshen”“zsjingsh”“zsjings”都是可以的。打字熟练的人会经常采用全拼和简拼混用的方式。

8．拆字辅助码

拆字辅助码可以快速地定位到一个单字，使用方法如下：

想输入一个汉字【娴】，但是非常靠后，找不到，那么输入【xian】，然后按下【tab】键，再输入【娴】的两部分【女】【闲】的首字母nx，就可以看到只剩下【娴】字了。输入的顺序为xian+tab+nx。

独体字由于不能被拆成两部分，所以独体字是没有拆字辅助码的。

9．插入日期

使用“插入当前日期时间”的功能可以方便地输入当前的系统日期、时间、星期，并且还可以用插入函数的方法自己构造动态的时间。例如，在回信的模板中使用。此功能是用输入法内置的时间函数通过“自定义短语”功能来实现的。由于输入法的自定义短语默认不会覆盖用户已有的配置文件，所以你要想使用下面的功能，需要恢复“自定义短语”的默认配置（也就是说：如果你输入了 rq 而没有输出系统日期，请打开“选项卡”→“高级”→“自定义短语设置”命令选项，单击“恢复默认配置”即可）。输入法内置的插入项如下：

（1）输入【rq】（日期的首字母），输出系统日期【2011 年 7 月 28 日】。

（2）输入【sj】（时间的首字母），输出系统时间【2011 年 7 月 28 日 19:19:04】。

（3）输入【xq】（星期的首字母），输出系统星期【2011 年 7 月 28 日星期四】。

自定义短语中的内置时间函数的格式请见自定义短语默认配置中的说明。

注意：恢复默认配置将丢失自己已有的配置，请自行保存后手动编辑。

10. v 模式中文数字输入

v 模式中文数字输入是一个功能组合，它包括多种中文数字的输入功能，只能在全拼状态下使用。

（1）中文数字金额大小写：输入【v424.52】，输出【肆佰贰拾肆元伍角贰分】。

（2）罗马数字：输入 99 以内的数字，例如输入【v12】，输出【XII】。

（3）年份自动转换：输入【v2011.8.8】或【v2011-8-8】或【v2011/8/8】，输出【2011 年 8 月 8 日】。

（4）年份快捷输入：输入【v2011n12y25r】，输出【2011 年 12 月 25 日】。

11. u 模式笔画输入

u 模式是专门为输入不会读的字所设计的。在输入 u 键后，然后依次输入一个字的笔顺，笔顺为：h 横、s 竖、p 撇、n 捺、z 折，就可以得到该字，同时小键盘上的 1，2，3，4，5 也代表 h，s，p，n，z。这里的笔顺规则与普通手机上的五笔画输入是完全一样的，其中点也可以用 d 来输入。由于双拼占用了 u 键，智能 ABC 的笔画规则不是五笔画，所以双拼和智能 ABC 界面上都没有 u 键模式。

值得一提的是，“忄”的笔顺是点点竖（nns），而不是竖点点。

例如，输入【你】字

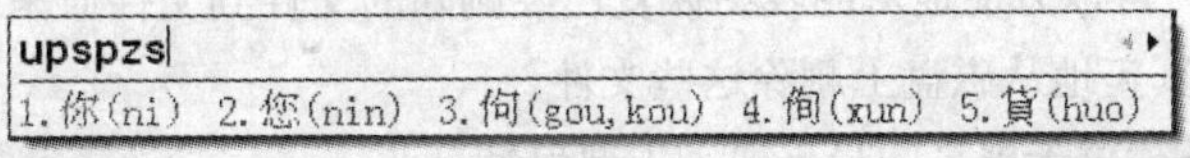

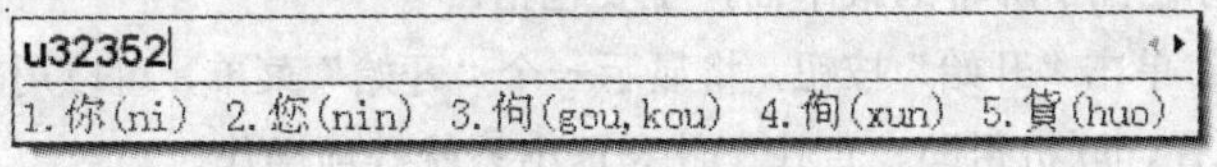

12. 笔画筛选

笔画筛选用于输入单字时，用笔顺来快速定位该字。使用方法是输入一个字或多个字后，按下 tab 键（tab 键如果是翻页的话也不受影响），然后用 h 横、s 竖、p 撇、n 捺、z 折依次输入第一个字的笔顺，直至找到该字为止。五个笔顺的规则同上面的笔画输入的规则。要退出笔画筛选模式，只须删掉已经输入的笔画辅助码即可。

例如，快速定位【珍】字，输入了 zhen 后，按下【tab】，然后输入珍的前两笔【hh】，就可定位该字。

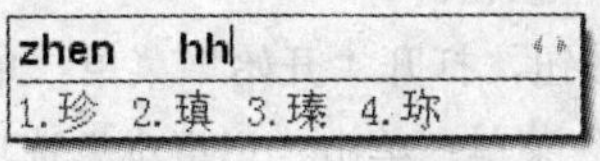

项目二　认识及熟练使用操作系统 Windows XP

实验一　Windows XP 的基本操作

【实验目的与要求】

（1）掌握常用桌面图标、窗口的操作和鼠标的使用。

（2）了解对话框的使用。

（3）了解快捷键的操作。

【实验内容与步骤】

一、常用桌面图标、窗口的操作和鼠标的使用

1．常用桌面图标的操作

（1）我的计算机。用鼠标双击桌面上“我的计算机”图标，出现“我的计算机”窗口。该窗口包含计算机的所有资源，即所有驱动器图标、控制面板和打印机等，可以在“我的计算机”中对这些资源进行操作。

（2）我的文档。用鼠标双击桌面上“我的文档”图标，将显示“我的文档”窗口。该窗口可以为用户管理自己的文档提供方便快捷的服务。

（3）回收站。用鼠标双击桌面上“回收站”图标，将显示“回收站”窗口。该窗口用于暂时保存已经删除的信息。用户可以方便地从回收站恢复已经删除的文件到文件原来的目录中，也可在回收站中清除这些文件，即真正地从磁盘上删除这些文件。

（4）任务栏。任务栏位于屏幕的最下面，主要包括：

1）“开始”按钮：单击“开始”按钮，将显示一个“开始”菜单，可以用来执行启动应用程序、打开文档、完成系统设置、联机帮助、查找文件和退出系统等项操作。

2）常用应用程序图标区：放置一些常用的应用程序图标，用户可以直接单击图标运行这些应用程序。

3）中间空白区用于显示正在运行的应用程序和对应于打开的窗口的按钮。

4）提示栏：在任务栏的右端，显示一些提示信息，如当前时间、文字输入方式等。

2．窗口操作、鼠标及对话框的使用

（1）用鼠标双击桌面“我的计算机”图标，打开“我的计算机”窗口；单击“最大化”按钮，观察窗口大小的变化，再单击“还原”按钮。

（2）单击任务栏上的“开始”按钮，打开“开始”菜单；单击“程序”选项，打开“程序”菜单；单击“附件”选项，打开“附件”菜单；单击“记事本”选项，打开“记事本”窗口；拖动窗口

标题栏，使窗口移至屏幕右下方；分别拖动窗口左边框和左上角，改变窗口的大小；双击窗口标题栏，使窗口最大化；单击最大化按钮使窗口恢复刚才的大小；单击“文件”菜单项，打开“文件”菜单；单击“页面设置…”菜单命令，打开“页面设置”对话框，如图 2.1.1 所示。

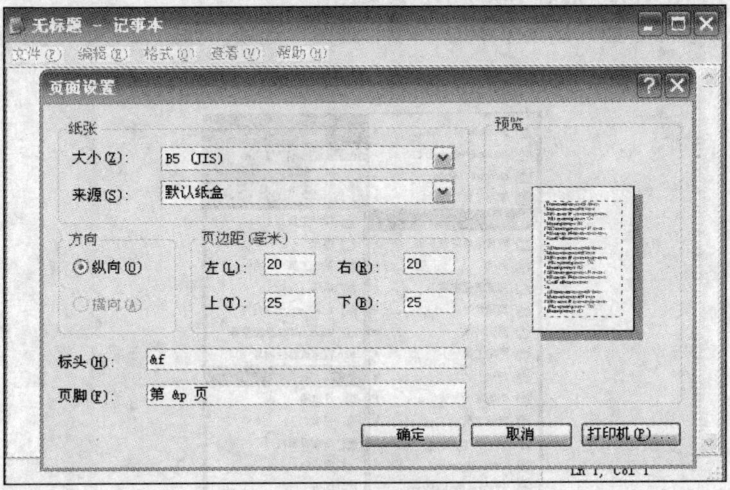

图 2.1.1 Windows XP 中记事本的页面设置窗口

（3）打开“记事本”窗口，输入一些文字“安徽国际商务职业学院信息服务系”，然后选择“格式/字体”命令，打开如图 2.1.2 所示的“字体”对话框。在“字体”“字形”“大小”组合框中，分别选择“微软雅黑”“粗体”“初号”，“记事本”窗口中文字大小变化如图 2.1.3 所示。

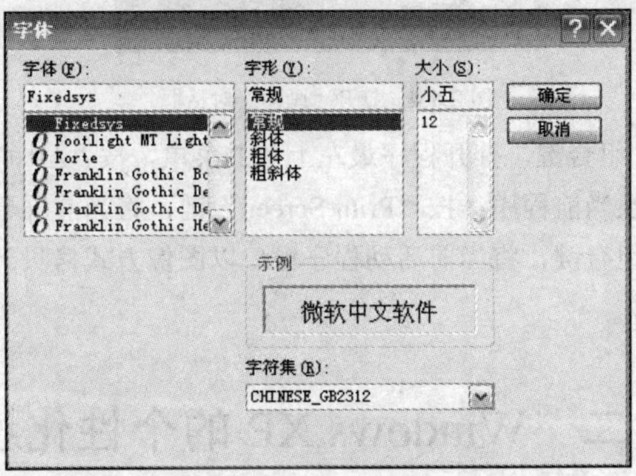

图 2.1.2 “字体”对话框

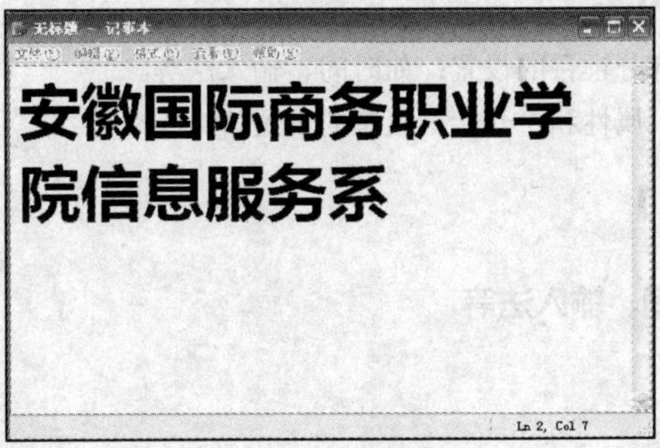

图 2.1.3 “记事本”对话框

二、Windows XP 的快捷键操作

打开 Windows 操作系统，熟悉系统中的快捷键操作。

（1）打开一个程序，如开始菜单中的“附件/画图”选项，如图 2.1.4 所示，弹出“画图”对话框。

图 2.1.4　打开“画图”对话框

（2）按“Alt+空格键”组合键，打开程序最左上角的菜单，按“Alt +F4”组合键，则关闭程序；按“Alt +Tab”组合键，切换当前程序；按“Print Screen”键，将当前屏幕以图像方式拷贝到剪贴板中；按“Alt+Print Screen”组合键，将当前活动程序窗口以图像方式拷贝到剪贴板中。请读者注意观察变化。

实验二　Windows XP 的个性化设置

【实验目的与要求】

（1）掌握控制面板中部分项目的设置：如时间、输入法等。

（2）熟练掌握“显示”属性和“开始”菜单的设置。

【实验内容与步骤】

一、设置计算机的时间、输入法等

1. 熟悉控制面板

打开操作系统，选择“开始”菜单，单击“控制面板”按钮，出现如图 2.2.1 所示的对话框，熟

悉其中的对象。

图 2.2.1 “控制面板”对话框

2．设置计算机的时间和日期

在“控制面板”对话框中，双击“时间和日期”图标然后进行设置，如图 2.2.2 所示。选择当前的时间和日期，单击“确定”按钮即可设置计算机的日期和时间。

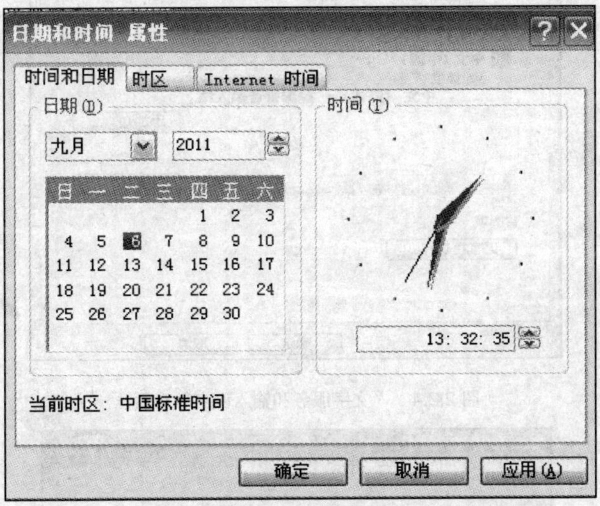

图 2.2.2 “日期和时间属性”对话框

3．显示或取消在任务栏上的输入法图标

打开“控制面板”对话框，选择“区域和语言选项”图标，弹出如图 2.2.3 所示的对话框。打开“语言”选项卡，选择“文字服务和输入语言”项目中的“详细信息”按钮，弹出如图 2.2.4 所示的对话框。单击“语言栏”选项，选取或取消“在桌面上显示语言栏(D)”复选框，如图 2.2.5 所示，即

可完成在任务栏上显示或取消输入法图标的操作。

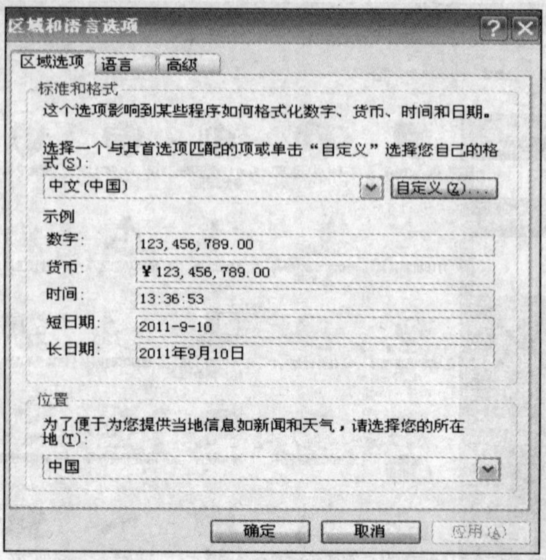

图 2.2.3 “区域和语言选项”对话框

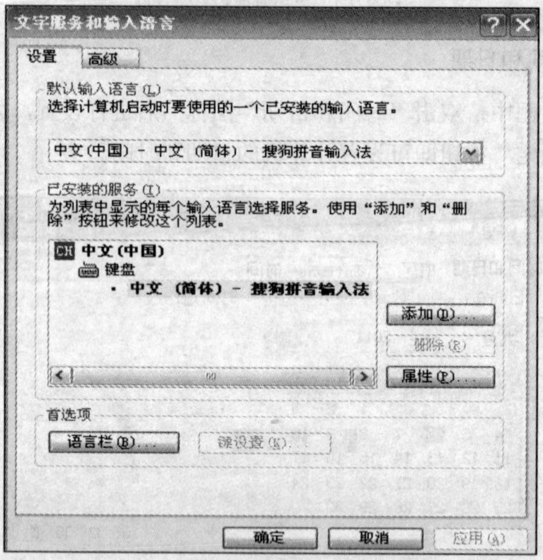

图 2.2.4 “文字服务和输入语言”对话框

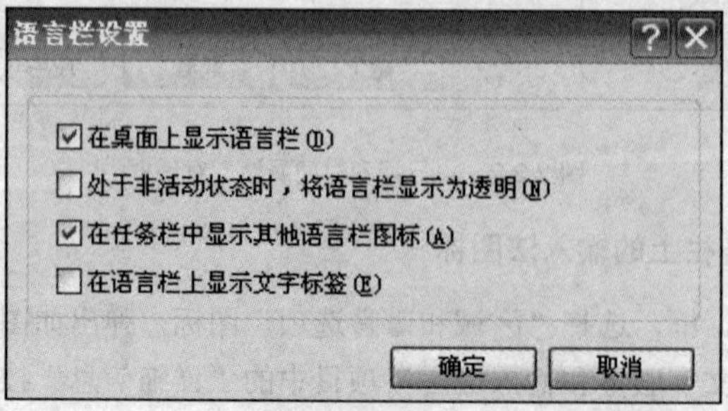

图 2.2.5 “语言栏设置”对话框

二、“显示”属性的设置

在桌面的空白处单击鼠标右键，选择“属性”命令，打开“显示 属性”对话框。此时，主要有以下几种设置：

（1）设置背景。选择“桌面”标签框，可从“背景”的列表中选择喜欢的“图案”，或按“浏览”找到指定位置的图片文件，如图 2.2.6 所示。

图 2.2.6　“显示 属性”对话框

（2）设置屏幕保护程序。在“屏幕保护程序”选项卡中，从“屏幕保护程序”列表中选择要求的屏幕保护程序之后，可设置“等待时间”，按“设置”按钮进行其他设置。如果选择“在恢复时使用密码保护”选项，则在设定的等待时间结束后，计算机出现屏幕保护程序，再次使用时，需要输入密码，如图 2.2.7 所示。

图 2.2.7　“屏幕保护程序”选项卡

三、自定义“开始”菜单

在“开始”菜单中添加快捷方式：在“任务栏”中用鼠标右键单击任务栏空白处，从任务栏快捷菜单中选择“属性”命令，出现“任务栏和开始菜单属性”对话框，打开“开始菜单”选项卡，如图2.2.8所示。

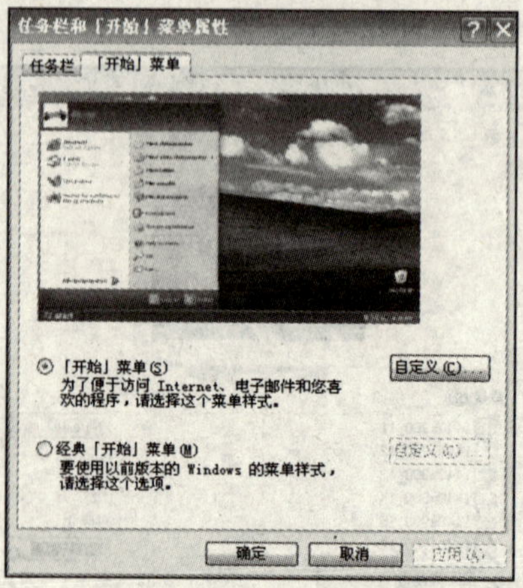

图2.2.8 “开始菜单”选项卡

在“开始菜单”选项卡中，选择“经典开始菜单”，单击“自定义”按钮，打开“自定义经典开始菜单”对话框，如图2.2.9所示。然后单击“添加”按钮，将显示“创建快捷方式”对话框，如图2.2.10所示。

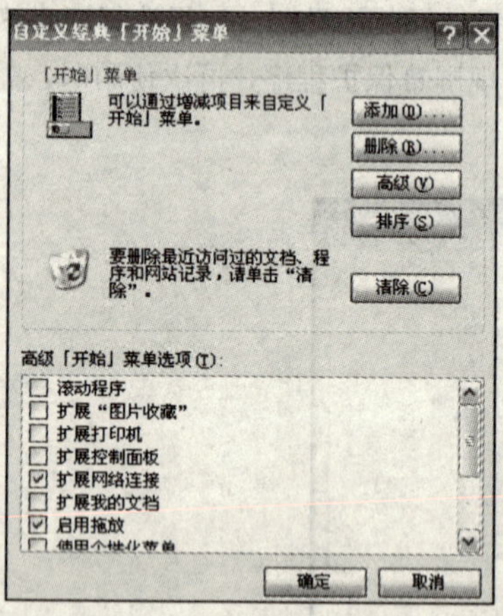

图2.2.9 “自定义经典开始菜单”对话框

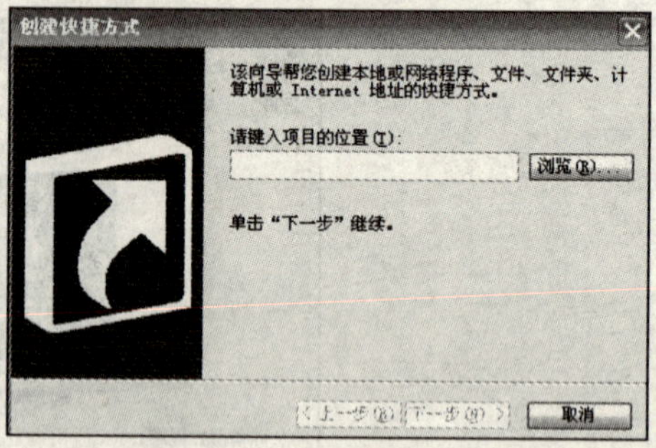

图2.2.10 “创建快捷方式”对话框

实验三 Windows XP资源管理器的使用

【实验目的与要求】

（1）熟悉文件和文件夹的特性。

（2）熟练使用“资源管理器”进行文件和文件夹的管理。

（3）掌握路径的正确使用。

【实验内容与步骤】

一、查看、排列文件和文件夹

1．查看文件和文件夹

双击桌面“我的电脑”图标，进入“我的电脑”窗口，如图 2.3.1 所示。在“我的电脑”窗口中显示了系统中的硬盘分区和光驱等存储器，还有系统用户的专用文件夹。在窗口左部提供了对于文件和文件夹的快捷操作方式。

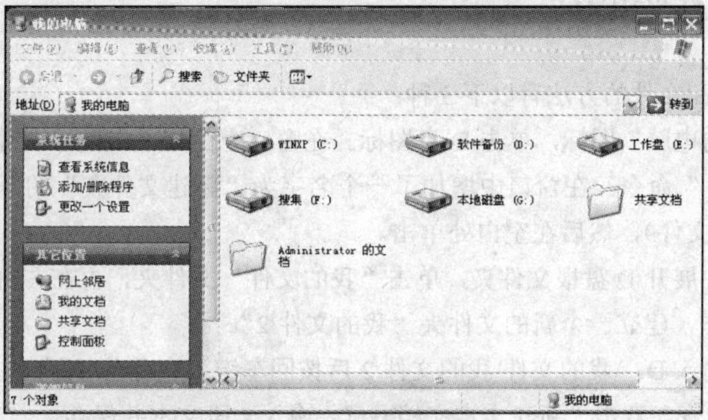

图 2.3.1　“我的电脑”窗口

在“我的电脑”窗口中的任意处单击鼠标右键，在弹出的快捷菜单中选择“查看”命令，在子菜单中列出了 5 种查看文件和文件夹的方式，分别是缩略图、平铺、图标、列表和详细信息，如图 2.3.2 所示。

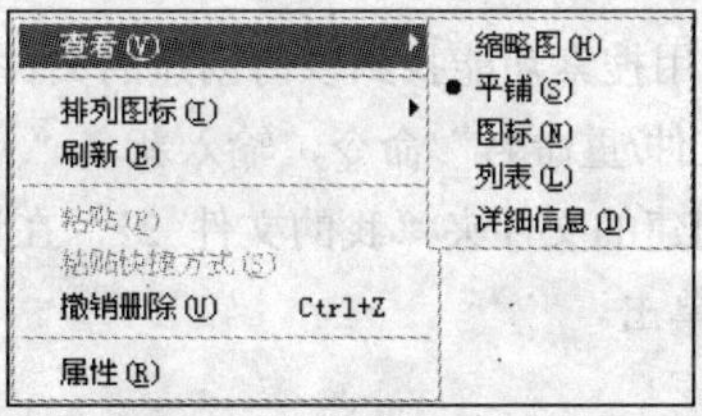

图 2.3.2　快捷菜单中的查看子菜单

选择“缩略图”查看方式时，不仅可以看到当前位置中的图像文件， 还可以看到文件夹内部的图像文件的缩略图。

选择“详细信息”查看方式时，将详细列出每一个文件和文件夹的具体信息，包括大小、修改日期和文件类型。

“平铺”和“列表”两种显示方式是按行和列的顺序来放置文件和文件夹。

试用 5 种方式查看“我的电脑”窗口中的文件和文件夹，观察不同的显示效果。

2．排列文件和文件夹

在“我的电脑”窗口中的任意处单击鼠标右键，在弹出的快捷菜单中选择“排列图标”，在子菜单中列出了排列文件和文件夹的 4 种方式，分别是名称、大小、类型和修改时间。

二、查找文件和文件夹

查找文件和文件夹的方法有以下 3 种：

（1）单击任务栏的“开始”按钮，在开始菜单中选择“搜索”命令，打开“搜索结果”对话框。

（2）在“全部或部分文件名”输入框中输入要查找的文件或者文件夹的名称。如果不知道文件的名称，但知道文件里面含有的字符或词组，则可以在“文件中一个字或词组”框中填入含有的字符。

（3）当搜索完成之后，将在窗口中列出查找到的符合搜索条件的文件和文件夹，用户再找出自己真正需要寻找的文件即可。

三、创建二级文件夹和文件

创建二级文件夹和文件的方法有以下 3 种：

（1）打开“我的电脑”图标，单击 D 盘图标。在窗口空白处单击鼠标右键，在弹出的快捷菜单中选择“新建/文件夹”命令。在窗口中增加了一个名字为“新建文件夹”的新文件夹，输入该文件夹的名称（如：我的文件），然后在空白处单击。

（2）在左窗口中展开 D 盘根文件夹，单击“我的文件”文件夹，再在右窗口空白处单击鼠标右键，同（1）所述操作，建立一个新的文件夹“我的文件 2”。

（3）在地址栏输入 D: \我的文件\我的文件 2 后按回车键，然后在右窗口中单击鼠标右键，选择“新建/文本文档”命令，双击“新建文本文档.txt”，输入一段文本并保存。

四、重命名、选择、复制、移动文件和文件夹

1. 文件或文件夹的重命名

在“资源管理器”窗口中，利用搜索功能找到以前创建的文件“新建文本文档.txt”，右键单击文件，在弹出的快捷菜单中选择“文件/重命名”命令，输入新名“计算机基础.doc”，然后按回车键。

在资源管理器中，找到上面创建的文件夹“我的文件 2”，在该文件夹图标名称上双击，输入新名“信息服务系”，然后在空白处单击。

2. 选择文件和文件夹

（1）选择单个文件和文件夹，只要用鼠标单击文件名就可以选择文件和文件夹。

（2）选择连续的文件或文件夹，可在选择第一个文件或文件夹后，按住 Shift 键不放，单击最后一个文件或文件夹；选择非连续的多个文件或文件夹，可在选择第一个文件或文件夹后，按住 Ctrl 键不放，再单击选择其他文件或文件夹。

（3）选择窗口中的所有文件可按“Ctrl＋A”键。

（4）放弃已选的文件和文件夹。

3. 复制或移动文件和文件夹

在地址栏输入 D:\我的文件，在空白处单击鼠标右键，在弹出的快捷菜单中选择“新建/文件夹”命令，在窗口中增加了一个名字为“新建文件夹”的新文件夹，输入该文件夹的名称“计算机系”，然后在空白处单击。打开“信息服务系”文件夹，选中文件“计算机基础”，单击鼠标右键，在弹出

的快捷菜单中选择“复制”命令，如图 2.3.3 所示。再打开刚新建的文件夹“计算机系”，在空白处单击鼠标右键，在弹出的快捷菜单中选择“粘贴”选项，完成了文件的复制。也可以在空白处按“Ctrl+V”组合键，同样能完成文件的复制。再选中文件“计算机基础”，单击鼠标右键，在弹出的快捷菜单中选择“剪切”命令，或按“Ctrl+X”组合键，再重复上述操作，可以实现文件的移动。

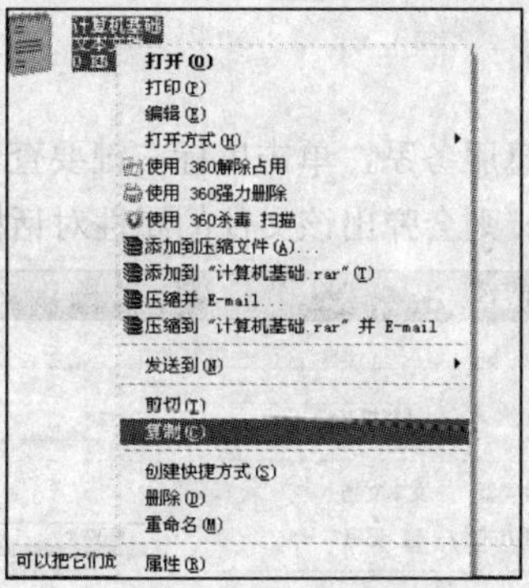

图 2.3.3　桌面快捷菜单

五、删除文件和文件夹

在地址栏输入 D:\我的文件\信息服务系，选中其中的文件“计算机基础”，单击鼠标右键，在弹出的快捷菜单上选择“删除”命令，弹出“确认文件删除”对话框，在对话框中单击“是”按钮，如图 2.3.4 所示，则文件被放入了回收站。这个“删除”为“逻辑删除”，并没真的从硬盘中删除，它还占据着硬盘的空间，可以被还原。

图 2.3.4　“确认文件删除”对话框

还原方法：双击桌面上的“回收站”图标进入回收站，选择文件“计算机基础”，单击鼠标右键，选择“还原”按钮，如图 2.3.5 所示。

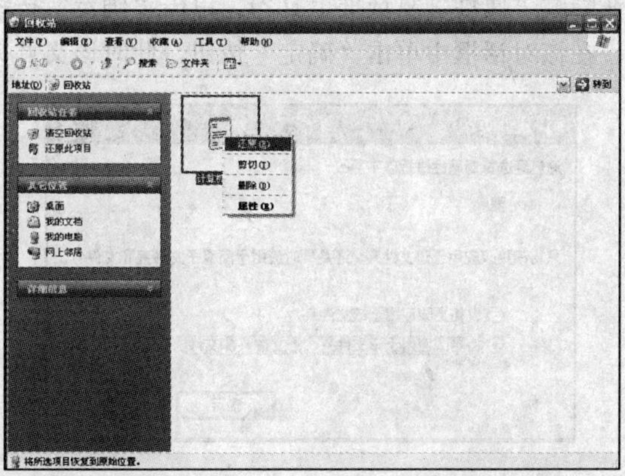

图 2.3.5　“回收站”窗口

还原文件后，选中文件，按键盘上的“Delete”键，则同样可以删除文件至回收站，如果按“Shift+Delete”组合键，则文件彻底被删除。

六、改变文件或文件夹的属性

1．查看文件属性

在地址栏输入 D:\我的文件\信息服务系，单击鼠标右键要查看属性的文件“计算机基础”，在弹出的快捷菜单中选择“属性”命令，则会弹出该文件的属性对话框，如图 2.3.6 所示。

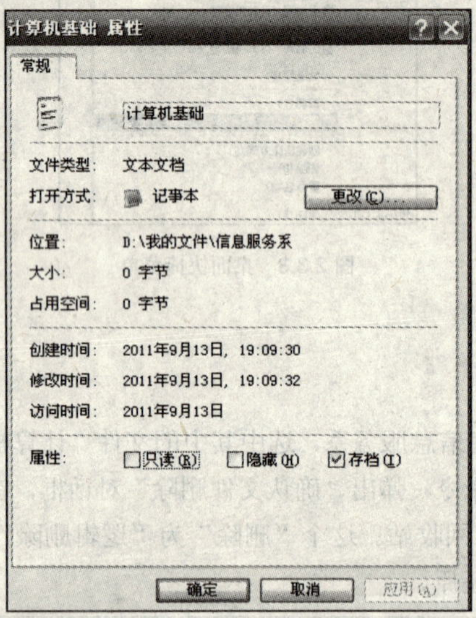

图 2.3.6 “文件属性”对话框

在文件属性对话框中列出了一些基本的属性，如文件或文件夹的位置、大小、修改时间、创建时间等项。另外，还可以选择设置文件的“只读”和“隐藏”属性，更改文件的“打开方式”和设置文件的“高级”选项。

2．隐藏文件或文件夹

在需要隐藏的文件夹“信息服务系”上单击鼠标右键，并在弹出的快捷菜单上选择“属性”命令，设置文件夹的隐藏属性。在隐藏“属性”复选框上打勾，单击“确定”按钮，弹出如图 2.3.7 所示的“确认属性更改”对话框，在该对话框中单击“确定”按钮，此时该文件夹被隐藏起来。

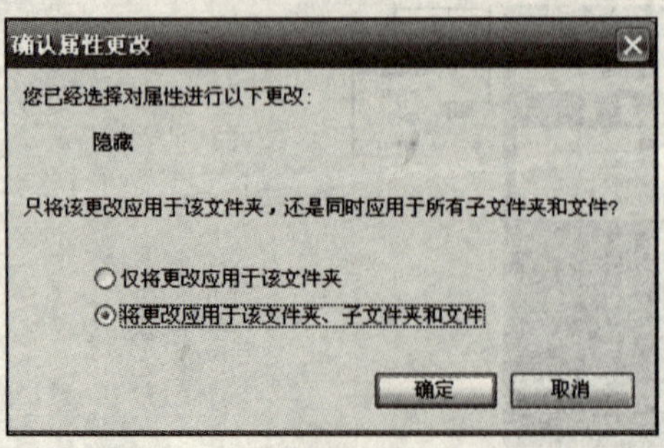

图 2.3.7 “确认属性更改”对话框

3．恢复隐藏的文件或文件夹

（1）在“我的电脑”窗口中，选择“工具”菜单，在下拉菜单中选择“文件夹选项”命令，打开“文件夹选项”对话框，如图 2.3.8 所示。

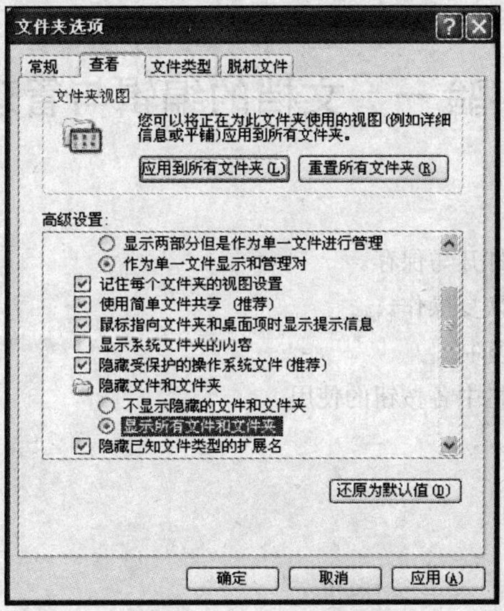

图 2.3.8　“文件夹选项”对话框

（2）选择“查看“选项卡，并在“高级设置”列表框中，选择“显示所有文件和文件夹”选项，如图 2.3.8 所示，然后单击“应用”按钮和“确定”按钮退出，即可看到被隐藏的文件夹重新出现。

项目三　文字处理软件 Word 2003

实验一　文档的编辑与管理

【实验目的与要求】

（1）掌握文档的新建、打开与保存。

（2）掌握文本的撤销与恢复操作。

（3）掌握文本的移动、复制。

（4）掌握打印预览工具栏中各按钮的使用。

（5）熟练进行页面设置。

【实验内容与步骤】

一、启动 Word

（1）单击 Windows 任务栏上的 开始 按钮，选择 所有程序(P) → Microsoft Office → Microsoft Office Word 2003 命令，即可启动 Word 2003。具体操作如图 3.1.1 所示。

图 3.1.1　从开始下拉菜单中启动 Word 2003

（2）观察 Word 2003 工作窗口，如图 3.1.2 所示，注意这时标题栏中的文档名是“文档 1”。观察 Word 的标题栏、菜单栏、工具栏、文本编辑区、状态栏等组成部分。

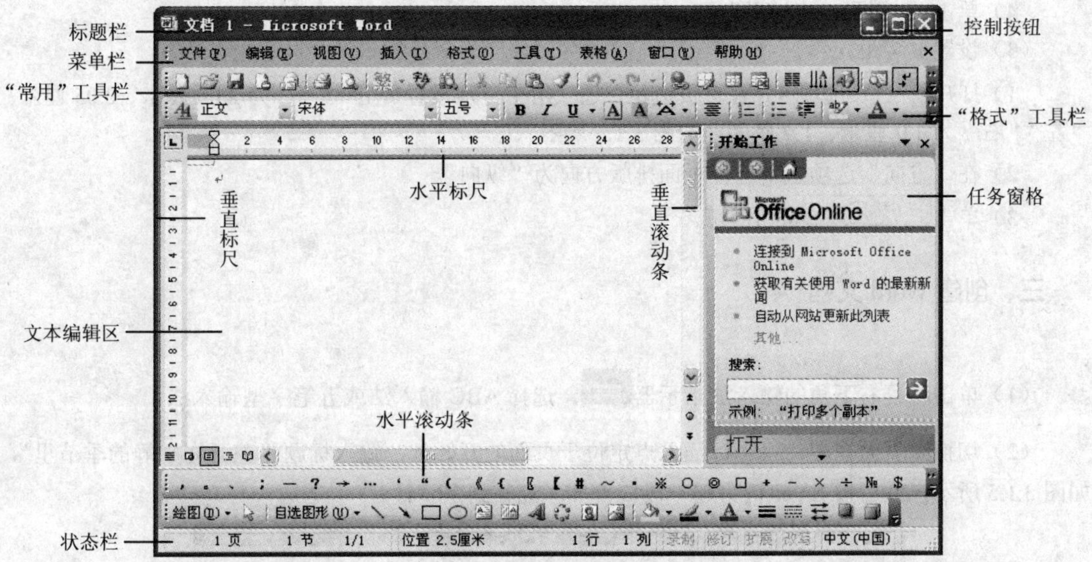

图 3.1.2 Word 2003 工作窗口

二、设置页面

页面设置包括对页边距、纸张大小和来源、版式等方面的设置，具体方法如下：

（1）选择 文件(F) → 页面设置(U)... 命令，弹出如图 3.1.3 所示的 页面设置 对话框。

（2）设置纸张大小及来源。

1）在 页面设置 对话框中打开 纸张 选项卡，如图 3.1.4 所示。

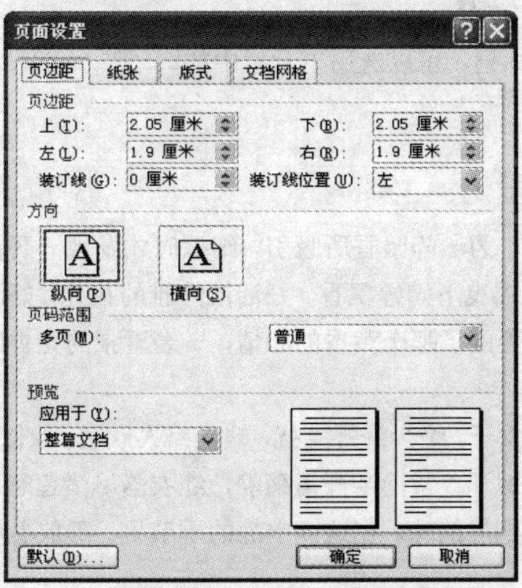
图 3.1.3 “页面设置”对话框

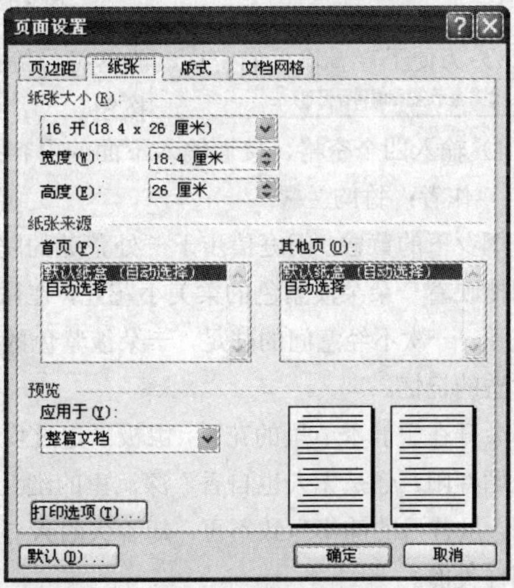
图 3.1.4 “纸张”选项卡

2）在“纸张大小”下拉列表中选择一种纸张类型为 16 开（18.4×26 厘米），或在“宽度”和“高度”微调框中分别设置纸张的宽度和高度值为 18.4 厘米、26 厘米。

3）在“纸张来源”选项组中设置打印纸张的来源为默认纸盒（自动选择）。

4）单击 确定 按钮即可。

（3）设置页边距。

1）打开 页边距 选项卡，在“页边距”选项组中分别设置“上”“下”为 2.05 厘米、2.05 厘米；“左”“右”为 1.9 厘米、1.9 厘米，如图 3.1.3 所示。

2）在“方向”选项组中选择页面排版方向为“纵向”。

3）单击 确定 按钮即可。

三、创建 Word 文档

（1）单击屏幕右下角的输入法指示器，选择 ABC 输入法或五笔字型输入法。

（2）切换到页面视图，将光标插入点定位于页面的开始处，输入标题“花开在宁静的季节里”，如图 3.1.5 所示，然后按 Enter 键另起一段，使插入点移到下一行。

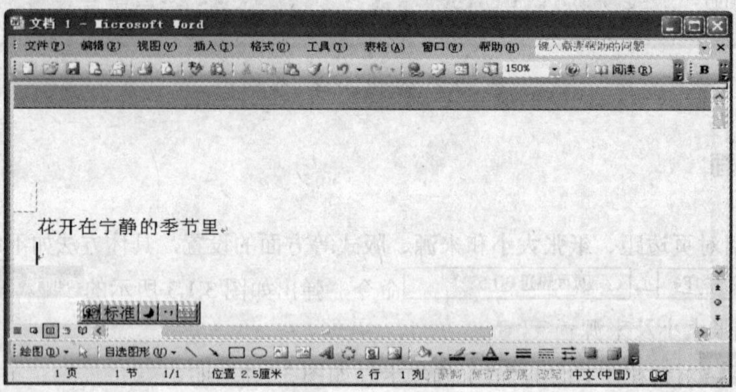

图 3.1.5 输入标题

（3）为便于查看输入的空格、段落符号等排版标记，可以选用工具栏中的 常用 选项，单击 显示/隐藏编辑标记(S) 按钮。

（4）输入四个空格，接着输入下面的内容：

作者：竹韵兰馨

暮烟夕下的黄昏，闲庭信步于一处荒芜的院落前，为一阵暗香所吸引，细探时才发现一碧青葱的树影间掩映着一朵朵淡紫色的柔美小花儿，在微风的摇曳下娉婷飘香。好恬淡静雅的花儿，好清馨淡逸的花香，一次不经意间的驻足，一朵淡紫色的小花美丽了那个黄昏的心情，一袭素雅的花香馨香了那个黄昏的记忆。

那朵开在宁静季节里的花儿，像极了走过岁月的女子，绝少蜂蝶惹扰，缺乏路人欣赏，像似那“不将颜色媚春阳，任是无人也自香”深涧里的幽兰，像似那“紫艳半开篱菊静，红衣落尽渚莲愁”的残荷篱菊，虽昔日的韵华风致不再，却不失耐人寻味的娴静韵味。在这样宁静的季节里，静放着属于自己的别样美丽。

走过岁月的女子，有了阅尽世事后的从容智慧，对生命有了更透彻的感悟，对生活有了更深刻的理解。在这样宁静的季节里，收藏了昨日的如烟往事，只愿携一片馨香的记忆，倚一窗似水的静月，在每个可以沉淀心情的夜晚，让红尘往事如淡墨轻染素宣般洇洇渗满娴静的心湖。

在这样宁静的季节里，心不会再有过多的绮念遐想，只想在这紫陌红尘路上少些世事纷扰，只想能素食布衣，简单安宁地过好流年余生。曾经有些多愁善感的心性经岁月的打磨已有了改变，喜欢这样静静地看着庭前的花开花落，看着天外的云舒云卷，让心溢满宁静与阳光。想着在万家灯火里有一盏属于自己的温暖灯光，那灯火下有着孩子们纯朗的笑靥，便觉得生活已经很厚待自己了。在每个只有青灯古月陪伴的夜晚里，想着在浩海碧波处有一个人的心始终是为自己而牵挂着，便觉得人生已经很幸运了。

在这样宁静的季节里，恋上了古镇的悠闲岁月，每天晨晓暮烟之时能这样漫步于古韵铺就的青石板古巷中，让生活写满着恬淡闲散的味道。在这样宁静的季节里，恋上了寻常一样的窗前月，恋上了青山斜阳外的那片幽静山水，恋上了江南烟雨中的那把油纸伞，还恋上了那些静美淡雅的文字，不再想让那些充溢着旖旎情愁的文字缠绵伤怀了宁静的心绪，偶尔写下的心情，也总充满着淡淡的，静静的生活况味，也许是现在这宁静的生活才让笔触有了恬静的味道。

阅过岁月后，沧桑了清嫩容颜，却从容了原有心境；经历了岁月甘苦，却丰厚了人生底蕴；染上了风霜世俗，却淡看了浮世铅华；远离了尘世繁华，却喜欢上了这样宁静闲淡的生活。在这样宁静的季节里，只愿像一朵恬静的花儿，幽放在那一方同样明媚的天空下，怡心而静然。

输入上述内容后，屏幕显示如图 3.1.6 所示。

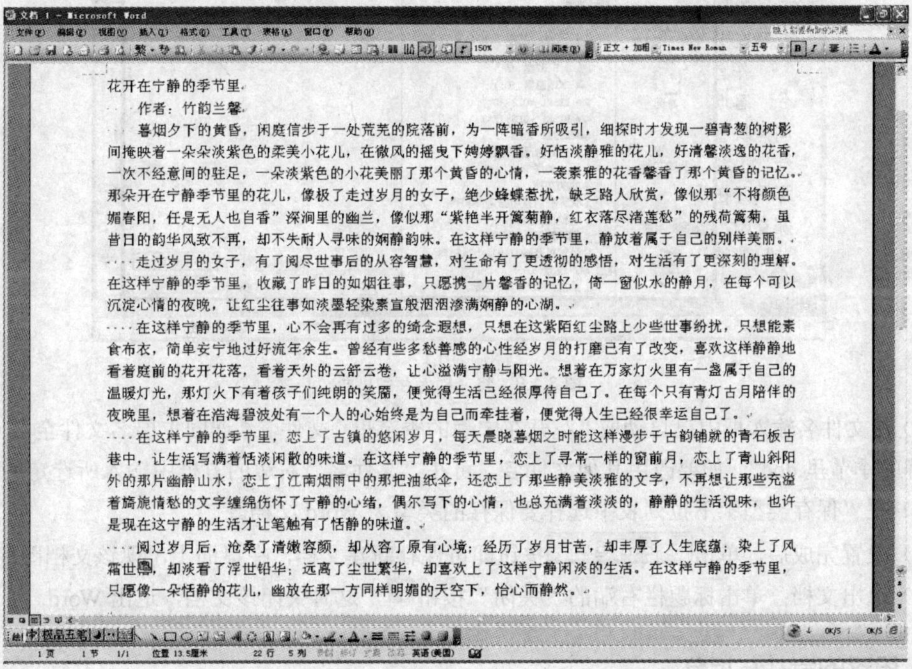

图 3.1.6　输入文档内容

四、保存文档

（1）单击工具栏上的 文件(F) → 保存(S) Ctrl+S 命令或直接单击工具栏上的“保存”按钮，弹出如图 3.1.7 所示的 另存为 对话框。

（2）在“保存位置”下拉列表框中选择“桌面”，如图 3.1.8 所示。

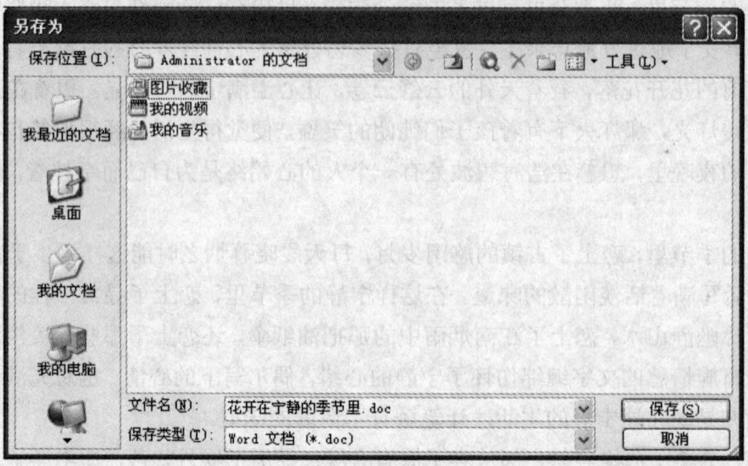

图 3.1.7 “另存为”对话框

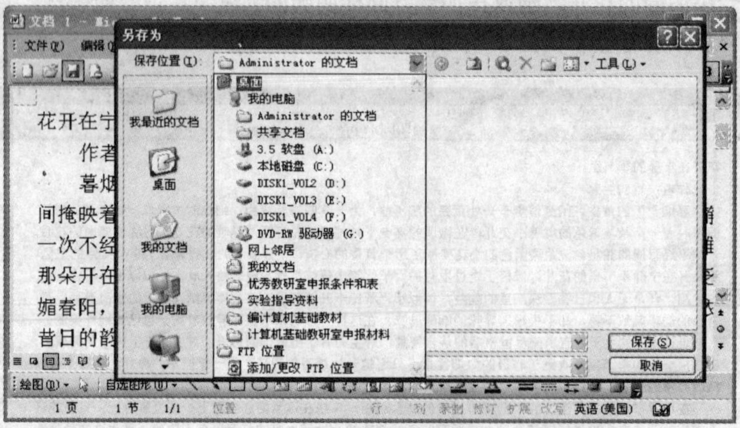

图 3.1.8 将文档保存到桌面

（3）在文件名输入框中已自动取“花开在宁静的季节里”文件名，连同扩展名文件全名应是“花开在宁静的季节里.doc”。如要改用其他文件名，可在“文件名”右边的方框中输入所选定的文件名。

（4）在“保存类型”下拉列表中选择要保存的类型为 Word 文档。

（5）设置完成后，单击 保存(S) 按钮即可保存新建文档，在桌面上出现该文档图标。

（6）退出文档：单击标题栏右端的“关闭”按钮，这时关闭该文档，退出 Word。

五、段落的合并与拆分

（1）在桌面上双击“花开在宁静的季节里.doc”文档图标，重新打开文档。将光标插入点定位于正文第二段的开始处，按 Backspace 键将前两段合并为一段。或将光标插入点定位于第一段的结尾处，按 Delete 键。

（2）将光标插入点定位于正文最后一段中的“在这样宁静的季节里，只愿像……”之前，按 Enter 键，将该段分为两段。即“在这样宁静的季节里，只愿像一朵恬静的花儿，幽放在那一方同样明媚的天空下，怡心而静然。”成为最后一段。段落的合并与拆分之后的效果如图 3.1.9 所示，其中被选中的部分就是新分的最后一段。

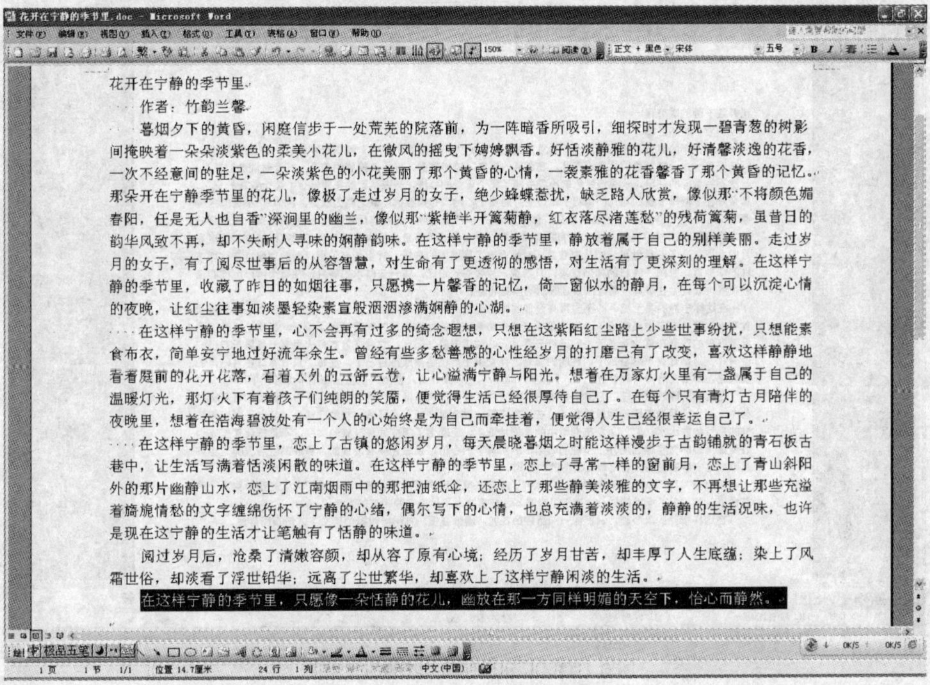

图 3.1.9 段落合并与拆分

六、改变文本显示比例

（1）单击工具栏上的视图(V)，选择显示比例(Z)...命令 弹出如图 3.1.10 所示的显示比例对话框。在“百分比（E）”下拉列表中输入“120”，然后单击确定按钮，改变了屏幕的显示比例，效果如图 3.1.11 所示。

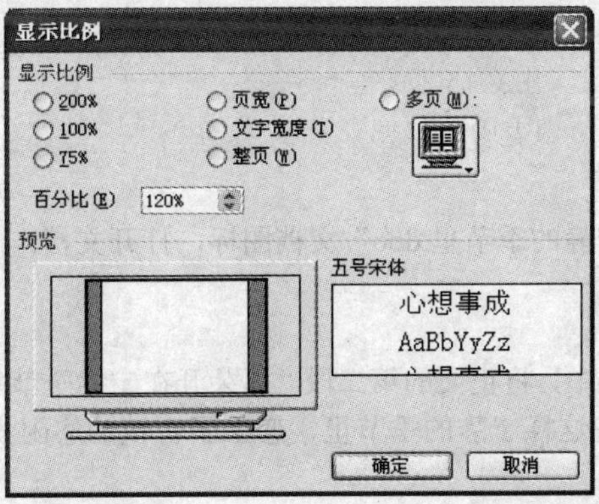

图 3.1.10 “显示比例”对话框

（2）单击常用工具栏“显示比例”图标右边的下拉箭头，选择文字宽度，如图 3.1.12 所示，观察此时的显示效果。

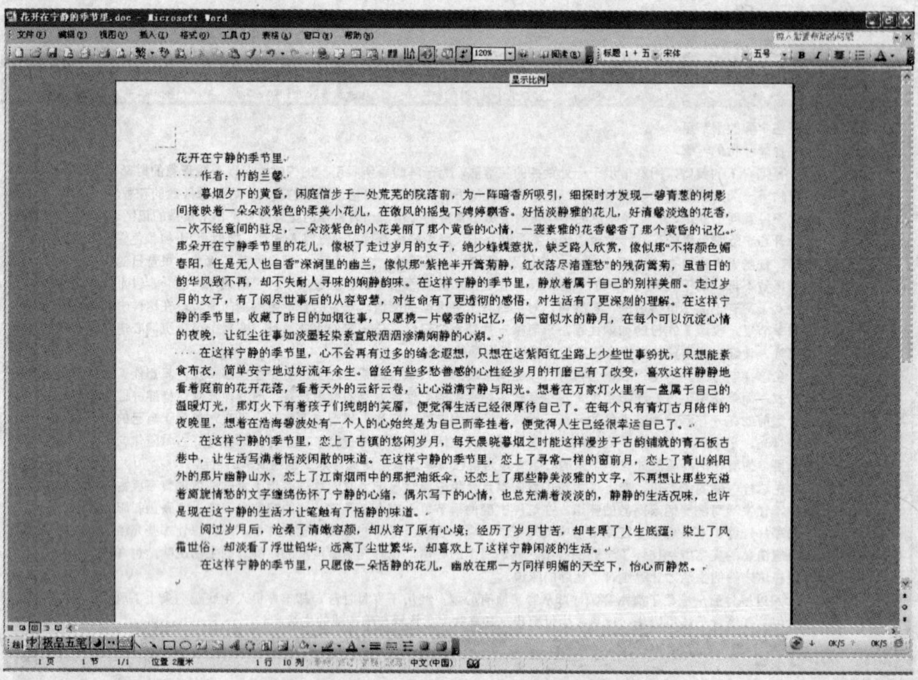

图 3.1.11　显示比例为 120%的效果图

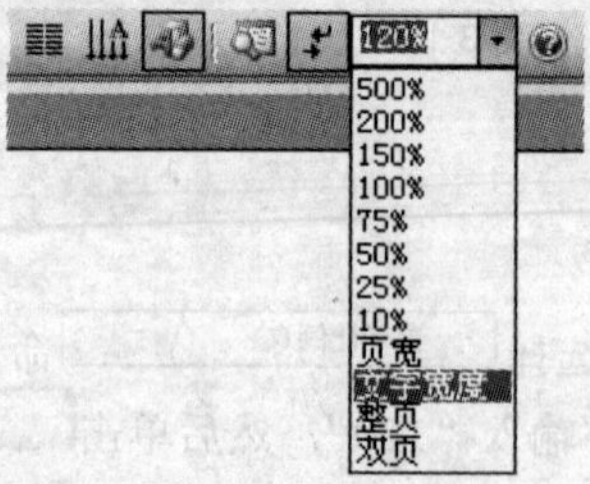

图 3.1.12　显示比例为“文字宽度”

七、文档编辑

1. 打开 Word 文档

在桌面上双击“花开在宁静的季节里.doc”文档图标，打开文档。

2. 移动文本

在如图 3.1.11 所示的散文中，将正文的第二段“那朵开在宁静季节里的花儿，像极了走过岁月的女子，……”移到第四段“在这样宁静的季节里，恋上了古镇的悠闲岁月，……”前面。操作步骤如下：

（1）选定要移动的文本“那朵开在宁静季节里的花儿，像极了……让红尘往事如淡墨轻染素宣般洇洇渗满娴静的心湖。”全段（包括段落标记符“ ↵ ”）。

（2）在菜单栏中选择 编辑(E) → 剪切(T) 命令；或单击常用工具栏中的“剪切”按钮；或按快捷键“Ctrl+X”；或将鼠标指针指向选定的文本，单击鼠标右键，从弹出的快捷菜单中选择 剪切(T) 命令，被选定的内容被移动到剪贴板。

（3）将插入点移动到目标位置（“在这样宁静的季节里，恋上了古镇的悠闲岁月，……”段首位置）。

（4）在菜单栏中选择 编辑(E) → 粘贴(P) 命令；或单击常用工具栏的“粘贴”按钮；或按快捷键“Ctrl+V”；或单击鼠标右键，从弹出的快捷菜单中选择 粘贴(P) 命令，剪贴板中的内容被粘贴到当前位置，实现所选文本的移动，如图 3.1.13 所示。

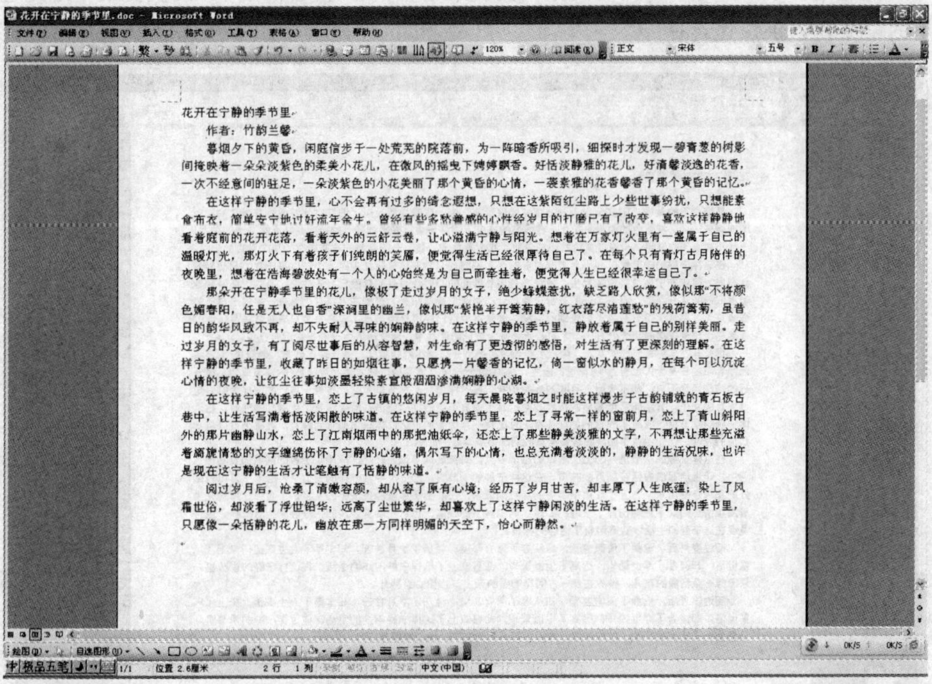

花开在宁静的季节里

作者：竹韵兰馨

暮烟夕下的黄昏，闲庭信步于一处荒芜的院落前，为一阵暗香所吸引，细探时才发现一碧青葱的树影间掩映着一朵朵淡紫色的柔美小花儿，在微风的摇曳下娉婷飘香。好恬淡静雅的花儿，好清馨淡逸的花香，一次不经意间的驻足，一朵淡紫色的小花美丽了那个黄昏的心情，一袭素雅的花香馨香了那个黄昏的记忆。

在这样宁静的季节里，心不会再有过多的绮念遐想，只想在这紫陌红尘路上少些世事纷扰，只想能素食布衣，简单安宁地过好流年余生。曾经有些多愁善感的心性经岁月的打磨已有了改变，喜欢这样静静地看着庭前的花开花落，看着天外的云舒云卷，让心溢满宁静与阳光。想着在万家灯火里有一盏属于自己的温暖灯光，那灯火下有着孩子们纯朗的笑靥，便觉得生活已经很厚待自己了。在每个只有青灯古月陪伴的夜晚里，想着在浩海碧波处有一个人的心始终是为自己而牵挂着，便觉得人生已经很幸运自己了。

那朵开在宁静季节里的花儿，像极了走过岁月的女子，绝少蜂蝶惹扰，缺乏路人欣赏，像似那“不将颜色媚春阳，任是无人也自香”深涧里的幽兰，像似那“紫艳半开篱菊静，红衣落尽渚莲愁”的残荷篱菊，虽昔日的韵华风致不再，却不失耐人寻味的娴静韵味。在这样宁静的季节里，静放着属于自己的别样美丽。走过岁月的女子，有了阅尽世事后的从容智慧，对生命有了更透彻的感悟，对生活有了更深刻的理解。在这样宁静的季节里，收藏了昨日的如烟往事，只愿携一片馨香的记忆，倚一窗似水的静月，在每个可以沉淀心情的夜晚，让红尘往事如淡墨轻染素宣般洇洇渗满娴静的心湖。

在这样宁静的季节里，恋上了古镇的悠闲岁月，每天晨晓暮烟之时能这样漫步于古韵铺就的青石板古巷中，让生活写满着恬淡闲散的味道。在这样宁静的季节里，恋上了寻常一样的窗前月，恋上了青山斜阳外的那片幽静山水，恋上了江南烟雨中的那把油纸伞，还恋上了那些静美淡雅的文字，不再想让那些充溢着缠旋情愁的文字缠绵伤怀了宁静的心绪，偶尔写下的心情，也总充满着淡淡的，静静的生活况味，也许是现在这宁静的生活才让笔触有了恬静的味道。

阅过岁月后，沧桑了清嫩容颜，却从容了原有心境；经历了岁月甘苦，却丰厚了人生底蕴；染上了风霜世俗，却淡看了浮世铅华；远离了尘世繁华，却喜欢上了这样宁静闲淡的生活。在这样宁静的季节里，只愿像一朵恬静的花儿，幽放在那一方同样明媚的天空下，怡心而静然。

图 3.1.13　文本移动后的效果

3．复制文本

在如图 3.1.13 所示的散文中，将正文的最后一段“阅过岁月后，沧桑了清嫩容颜，……怡心而静然。”复制到文章的末尾。操作步骤如下：

（1）选定要移动的文本“阅过岁月后，沧桑了清嫩容颜，……怡心而静然”。

（2）在菜单栏中选择 编辑(E) → 复制(C) 命令；或单击常用工具栏中的“复制”按钮；或按快捷键“Ctrl+C”；或将鼠标指针指向选定的文本，单击鼠标右键，从弹出的快捷菜单中选择 复制(C) 命令，被选定的内容被复制到剪贴板。

（3）将插入点移动到目标位置（文本结尾处的段落标记符“↵”位置）。

（4）在菜单栏中选择 编辑(E) → 粘贴(P) 命令；或单击常用工具栏的“粘贴”按钮；或按快捷键“Ctrl+V”；或单击鼠标右键，从弹出的快捷菜单中选择 粘贴(P) 命令，剪贴板中的内容被复制到当前位置，如图 3.1.14 所示。

小技巧：

（1）可用鼠标进行移动/复制的操作。将鼠标指向并选定文本，按住鼠标左键拖曳到目标位置，则可移动文本。在拖曳鼠标的同时，如果按下 Ctrl 键不放，在鼠标指针右下角出现一个“+”，先释放鼠标，再释放 Ctrl 键，则可复制文本。

（2）在移动或复制文本时，也可以用鼠标右键拖动已被选定的内容。在释放鼠标时，出现一个菜单，显示移动和复制的有效选项。单击 复制到此位置(C) 命令，可复制文本；单击 移动到此位置(M) 命令，可移动文本。也可以选择 取消(A) 命令撤销此次操作。

（3）在 Word 中，只要选定某个对象并单击鼠标右键，就会在文档窗口中弹出一个快捷菜单，以方便用户快速选择命令。对于不同的对象，快捷菜单中的命令是不同的。但快捷菜单总是包括需要或最常用的命令，以供快速选择。

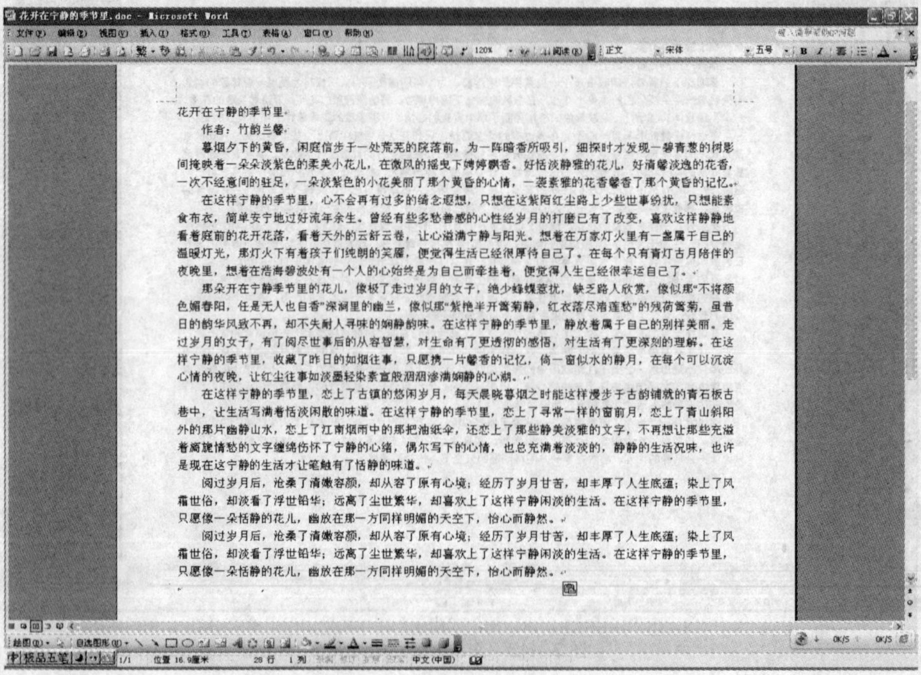

图 3.1.14 最后一段复制后的效果

4．撤销与恢复编辑操作

（1）撤销最近一次操作。如果要使文本恢复到前一次操作状态，可执行下列操作之一：

1）单击常用工具栏中的“撤销” 按钮。

2）在菜单栏中选择 编辑(E) → 撤消(U)键入 Ctrl+Z 命令。

3）按快捷键“Ctrl+Z”。

（2）恢复以前的操作。对于进行了错误的撤销操作，Word 提供了“恢复”命令来进行恢复。其作用与撤销操作刚好相反，也可以执行下列操作之一：

1）单击常用工具栏中的“恢复” 按钮。

2）在菜单栏中选择 编辑(E) → 恢复(R)粘贴 Ctrl+Y 命令。

3）按快捷键“Ctrl+Y”。

（3）撤销或恢复多次操作。要撤销以前所做的多次操作，可以单击撤销按钮 右边的向下箭头，单击某次操作，在此之后的操作都被撤销。注意，多次操作必须按顺序执行。要恢复以前撤销的多次操作，可以单击恢复按钮 右边的向下箭头，在打开的对话框中，单击某次操作，在此之前进行的所有撤销操作都被恢复。

5. 修改文件名并保存文档

打开文档“花开在宁静的季节里.doc”，稍作修改，将其保存到 D 盘中，文件名改为“操作举例.doc”。操作步骤如下：

（1）选择 文件(F) → 保存(S)　Ctrl+S 命令或直接单击工具栏上的“保存”按钮，弹出如图 3.1.15 所示的 另存为 对话框。

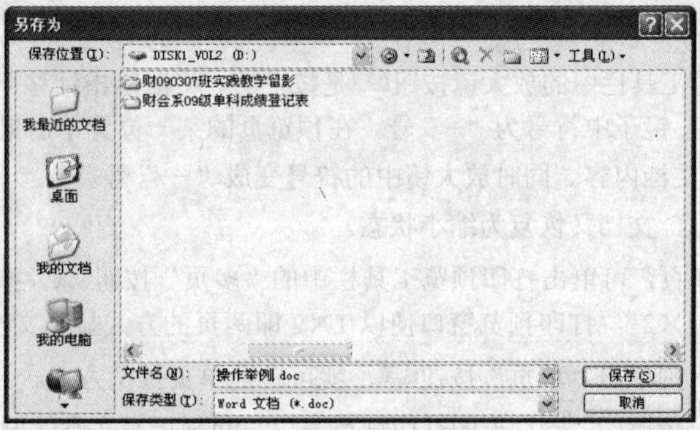

图 3.1.15　“另存为”对话框

（2）在“保存位置”下拉列表中选择保存文档的位置为 D 盘。若要保存到 D 盘下指定的文件夹，还要进一步选择相应的文件夹，操作方法同理。

（3）在“文件名”文本框中输入或选择要保存的文件名为“操作举例.doc”。

（4）在“保存类型”下拉列表中选择要保存的类型是 Word 文档。

（5）设置完成后，单击 保存(S) 按钮即可保存新建文档。

6. 自动保存文档

设置文档自动保存时间间隔为 8 分钟。操作步骤如下：

（1）在菜单栏中选择 工具(T) → 选项(O)... 命令，在 选项 对话框中选择 保存 选项卡。

（2）在保存选项区域，选择 ☑自动保存时间间隔(S): 复选框，输入时间间隔为“8”分钟，单击 确定 按钮即可，如图 3.1.16 所示。

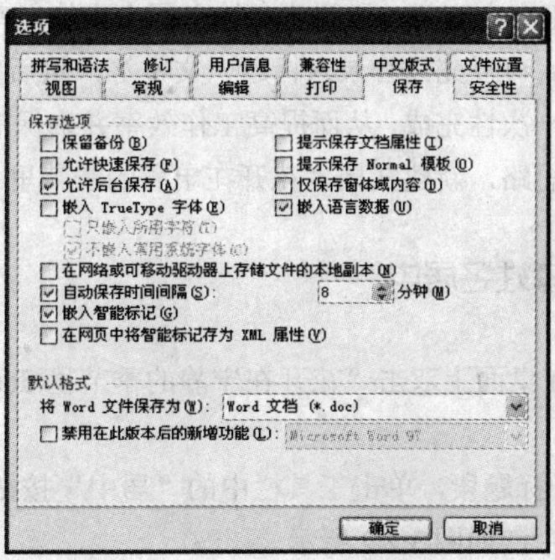

图 3.1.16　“选项”对话框中的“保存”选项卡

7．打印预览

文档编辑完成后，单击“常用”工具栏上的“打印预览”按钮可以预览编辑的文档，并在左上方显示打印预览工具栏，如图 3.1.17 所示。预览无误后，下一步就可以打印文档了。

图 3.1.17　打印预览工具栏

（1）确认打印预览工具栏中的放大镜按钮是按下的。将鼠标指针移至当前预览页，鼠标指针变成一个放大镜的样子，镜子中符号为“+”号。在预览页的某一位置单击鼠标，预览页从当前位置放大，可以清晰地查看文档内容。同时放大镜中的符号变成“－”号。

（2）再次单击鼠标，文档又恢复为缩小状态。

（3）如果要显示多页，可单击打印预览工具栏中的“多页”按钮，按住鼠标向下方拖曳，选择多页显示方式，如“1×2”，打印预览窗口便以 1×2 即两页的方式显示文档。

（4）要显示单页，则单击“单页”按钮，就可转到单页预览方式。

（5）单击“关闭”按钮关闭(C)，关闭打印预览窗口，回到正常文本的编辑状态。

实验二　文档的格式化及版面设计

【实验目的与要求】

（1）掌握“格式”工具栏的使用。

（2）会利用“格式”菜单命令格式化字符。

（3）会利用“格式”菜单命令格式化段落。

（4）掌握查找和替换的使用方法。

（5）能进行页眉和页脚的设置。

（6）熟悉分栏操作。

【实验内容与步骤】

当我们创建文档时，文章正文内容每一段开头都输入四个空格，诸如此类的重复输入四个空格显得烦琐，其实没有必要这样做。可以先只管录入标题、文本等，然后整体进行编辑以及排版等工作，对同一类操作可运用同一命令一次性完成，从而提高工作效率并确保前后一致。这里按照先创建文档并录入文本，然后编辑排版的思路，新建文档“花开在宁静的季节里.doc”。

一、设置文章标题、作者姓名居中

（1）打开 Word 文档。在桌面上双击“花开在宁静的季节里.doc”文档图标，打开文档，如图 3.2.1 所示。

（2）将光标插入点定位于标题段，单击工具栏中的“居中”按钮，屏幕显示将选定的段落居中对齐；同理，将作者及姓名居中，如图 3.2.2 所示。

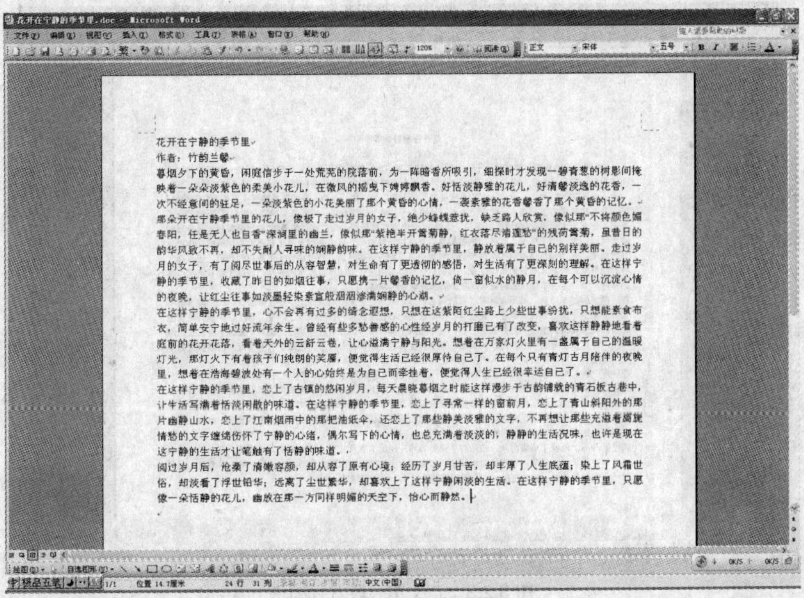

图 3.2.1　未经编辑排版的原始文档

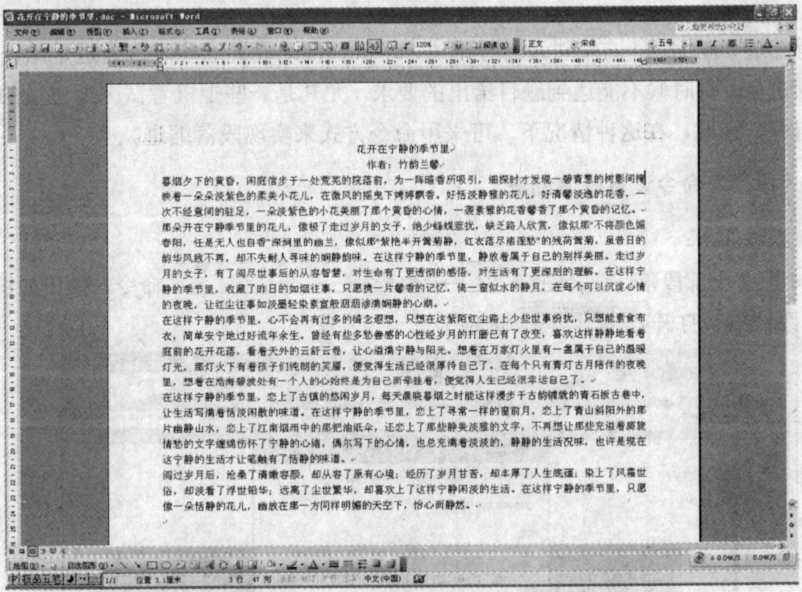

图 3.2.2　标题、作者及姓名居中

二、设置段落缩进

1．用鼠标拖动设置段落缩进

（1）将插入点置于正文第一段中，然后按住鼠标左键拖动水平标尺上的“首行缩进”标记，拖到适当位置后松开鼠标，如图 3.2.3 所示。

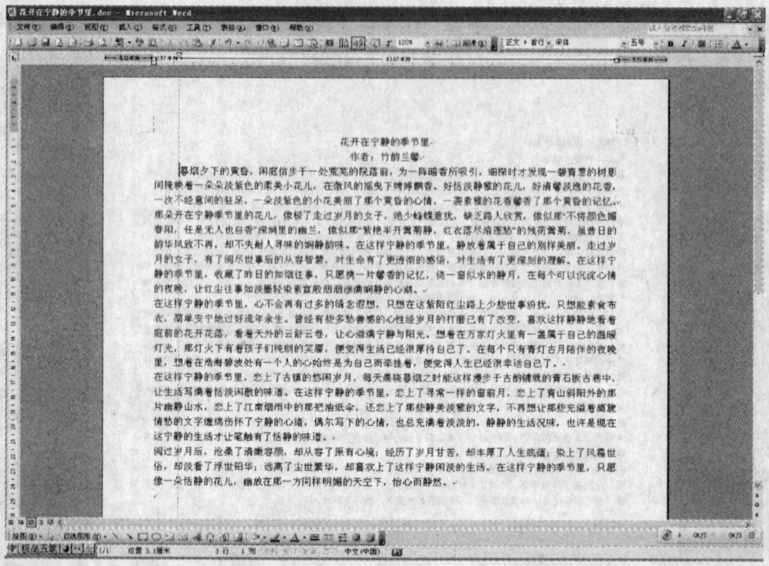

图 3.2.3 正文第一段首行缩进

（2）如果要将整个正文所有段落都进行首行缩进操作，则要将整个正文全部选中，其操作方法同上。

对于首行缩进、左缩进、右缩进及悬挂缩进，用鼠标拖动设置这些段落缩进是比较方便的，但不能精确确定缩进量。有时候不能达到题目给出的要求，尤其是一些上机考试因缩进量的“定量”要求而有可能不得分。因此，在这种情况下，可采用命令方式来实现段落缩进。

2. 利用“段落”命令设置段落缩进

具体操作步骤如下：

（1）选中正文全部段落，选择 格式(O) → 段落(P)... 命令，弹出如图 3.2.4 所示的 段落 对话框，系统默认打开 缩进和间距(I) 选项卡。

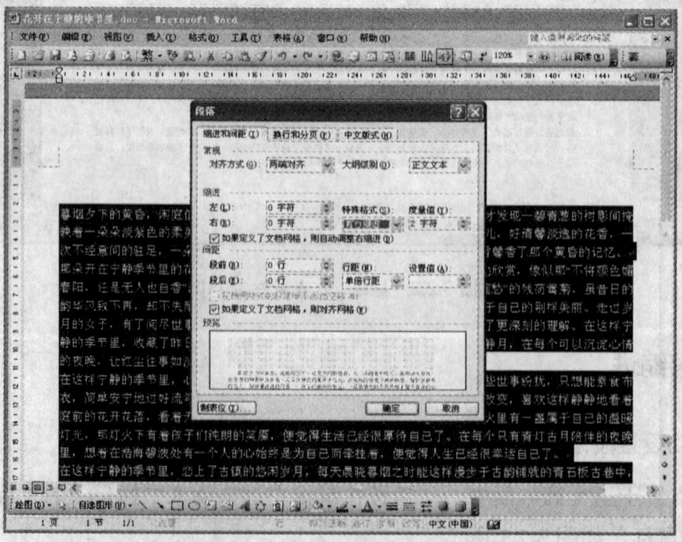

图 3.2.4 “段落”对话框

（2）在“特殊格式”下拉列表框中列出了两种特殊缩进方式：“首行缩进”和“悬挂缩进”，选择其中“首行缩进”方式，在“度量值”微调框中设置缩进数值为“2 字符”。

（3）在“缩进”选项组中，可分别在“左”“右”微调框中设置缩进值，并可在“预览”框中预览其效果，这些操作请读者自行去试一试。

（4）设置完成后，单击 确定 按钮即可。

正文所有段落设置首行缩进后的效果如图 3.2.5 所示。

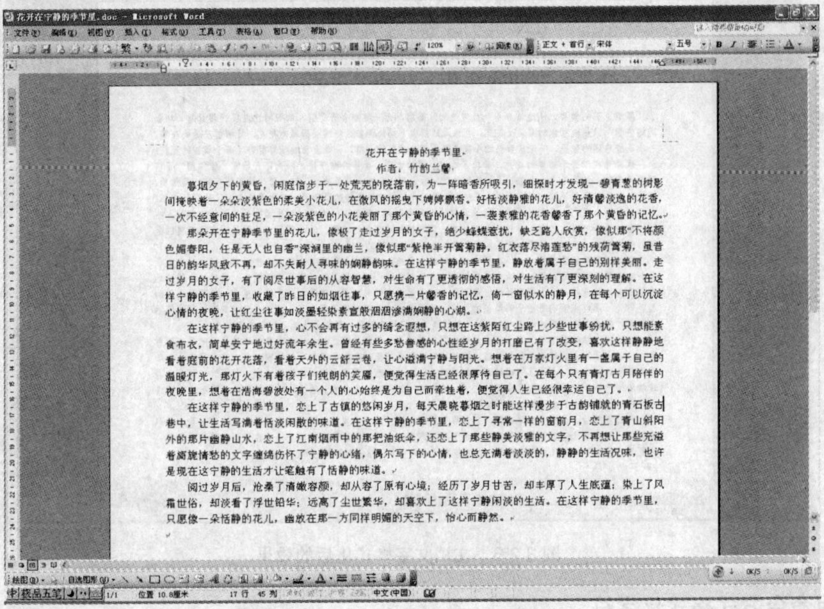

图 3.2.5 正文设置首行缩进后的效果

三、设置格式化字符

1. 利用“格式”工具栏格式化字符

在如图 3.2.5 所示的样文中,将散文标题“花开在宁静的季节里”设置为隶书、二号字、加粗；将“作者：竹韵兰馨”设置为楷体、蓝色、小四号字；文章正文设置为仿宋体、五号字。具体操作步骤如下：

（1）选定要设置的标题文本“花开在宁静的季节里”。

（2）单击“格式”工具栏中“字体”下拉列表框右边的向下箭头 宋体 ，从字体下拉列表中选择 隶书 。

（3）单击“格式”工具栏中“字号”下拉列表框右边的向下箭头 五号 ，从字号下拉列表中选择 二号 。

（4）单击“格式”工具栏中的“加粗”按钮 **B** 。

（5）选定“作者：竹韵兰馨”，单击“格式”工具栏中“字体”下拉列表框右边的向下箭头 宋体 ，从字体下拉列表中选择 楷体_GB2312 ；单击“格式”工具栏中“字体颜色”下拉列表框右边的向下箭头 A ，从字体颜色下拉列表中选择“蓝色”，此后“格式”工具栏中“字体颜色”按钮变成 A ；单击“格式”工具栏中“字号”下拉列表框右边的向下箭头 五号 ，从字

号下拉列表中选择 小四 。

（6）选定全部正文，单击“格式”工具栏中“字体”下拉列表框右边的向下箭头 宋体 ，从字体下拉列表中选择 仿宋_GB2312 ；因原来正文的字号就是 五号 ，因此不需要再重新设置。整个文档设置后的效果如图 3.2.6 所示。

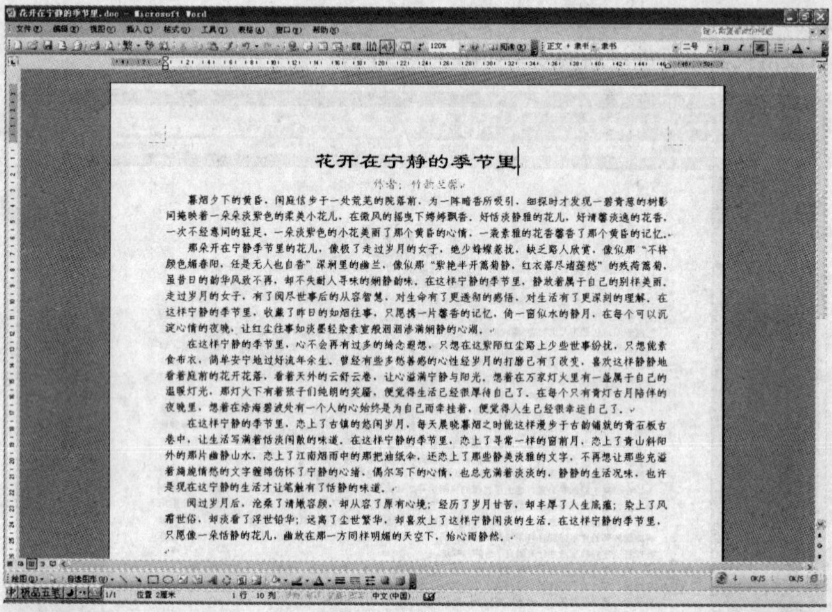

图 3.2.6　文档文字格式化后的效果

2. 利用命令方式格式化字符

在如图 3.2.5 所示的样文中,将散文标题“花开在宁静的季节里”设置为华文彩云、倾斜、小一号字；将“作者：竹韵兰馨”设置为华文新魏、四号字、字符缩放比例为 150%；文章正文第一段设置为隶书、小四号字、空心（字体效果）、礼花绽放（文字效果）。具体操作步骤如下：

（1）选定要设置的标题文本“花开在宁静的季节里”。

1）选择 格式(O) → A 字体(F)... 命令，弹出如图 3.2.7 所示的 字体 对话框。

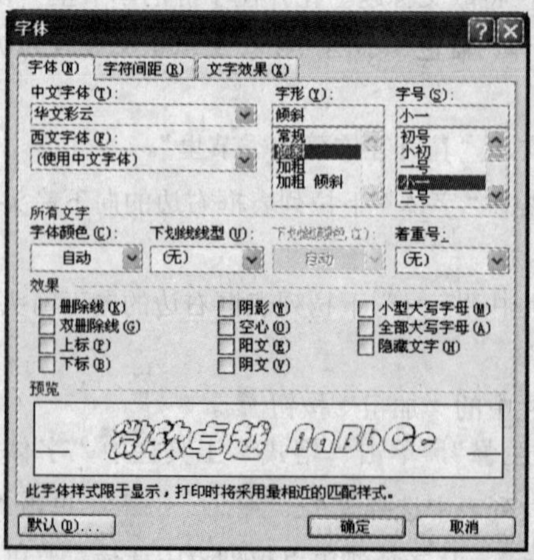

图 3.2.7　“字体”对话框

2）在“中文字体”下拉列表框中选择 华文彩云 。

3）在“字形”列表框中选择 倾斜 。

4）在“字号”列表框中选择 小一 。

5）单击 确定 按钮，文本即发生相应的改变。

（2）选定“作者：竹韵兰馨”，选择 格式(O) → A 字体(F)... 命令，弹出 字体 对话框。

1）在“中文字体”下拉列表框中选择 华文新魏 。

2）在“字号”列表框中选择 四号 。

3）打开 字符间距(R) 选项卡，在“缩放”下拉列表框中选择 150% 。

4）单击 确定 按钮，文本即发生相应的改变。

（3）选定文章正文第一段“暮烟夕下的黄昏，闲庭信步于……那个黄昏的记忆”。选择 格式(O) → A 字体(F)... 命令，弹出 字体 对话框。

1）在“中文字体”下拉列表框中选择 隶书 。

2）在“字号”列表框中选择 小四 。

3）在“效果”复选框中选择 ☑ 空心(O) 。

4）打开 文字效果(X) 选项卡，在“动态效果”列表框中选择 礼花绽放 （礼花绽放）。

5）单击 确定 按钮，文本即发生相应的改变。

整个文档设置后的效果如图 3.2.8 所示。

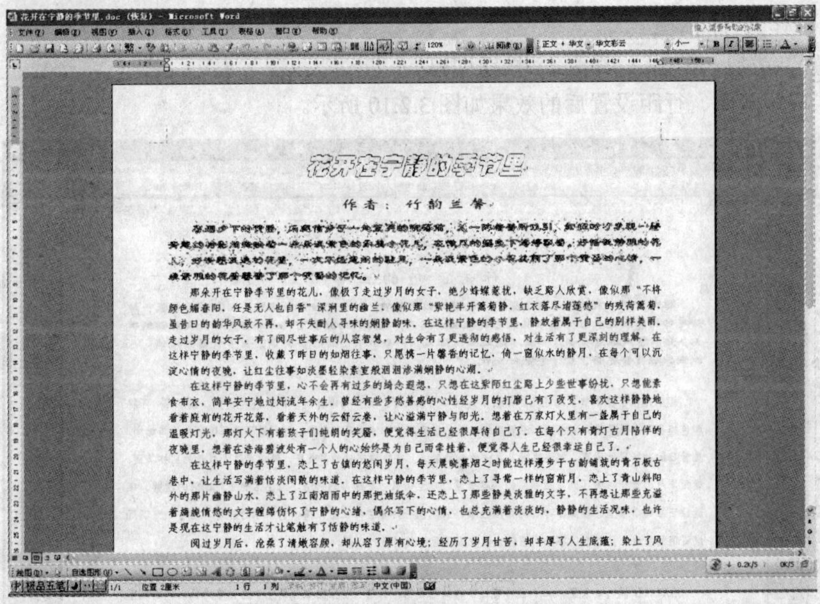

图 3.2.8　命令方式格式化字符后的效果

四、设置“段落”间距和行距

在如图 3.2.8 所示的样文中，将第二段“那朵开在宁静季节里的花儿，像极了……渗满娴静的心湖。”设置为段前 1 行，段后 1.5 行；行间距为 1.5 倍行距。具体操作步骤如下：

（1）选中样文第二段“那朵开在宁静季节里的花儿，像极了……渗满娴静的心湖。”

（2）选择 格式(O) → 段落(P)... 命令，弹出如图 3.2.9 所示的 段落 对话框，系统默认打开 缩进和间距(I) 选项卡。

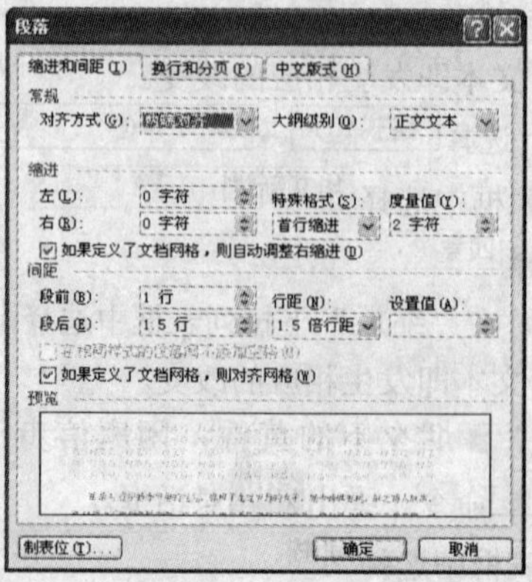

图 3.2.9 “段落”对话框

（3）在“间距”选项组中的“段前”“段后”微调框中分别设置距前段距离和距后段距离的数值。即“段前”选择 1 行，段后选择 1.5 行；或在“设置值”微调框中选择一个指定数值作为行间距。

（4）在“间距”选项组中的“行距”下拉列表框中选择适合的行距，或在“设置值”微调框中选择 1.5 倍行距 作为行间距。

（5）设置完成后，单击 确定 按钮即可。

文本第二段段间距、行距设置后的效果如图 3.2.10 所示。

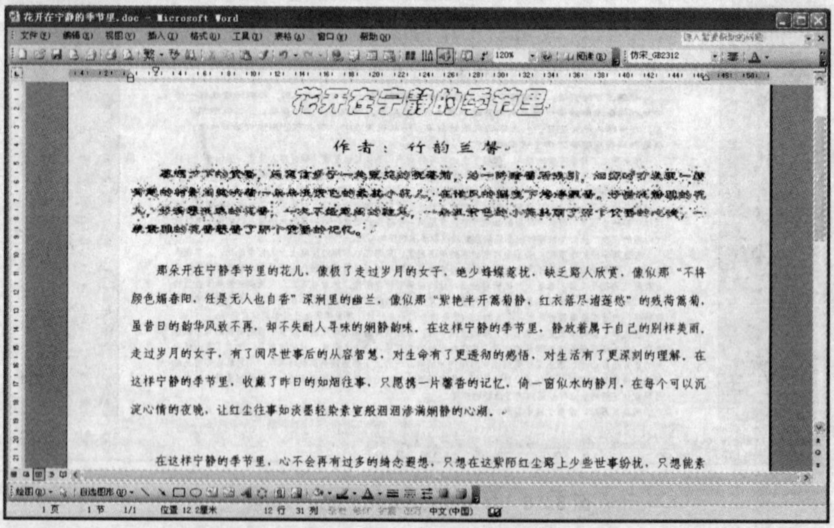

图 3.2.10 段间距、行距设置后的效果

五、复制段落格式

在如图 3.2.10 所示的样文中，将第一段“暮烟夕下的黄昏，闲庭信步于……那个黄昏的记忆。”所设置的文本格式直接套用到第二段“那朵开在宁静季节里的花儿，像极了……渗满娴静的心湖”。

具体操作步骤如下：

（1）将插入点置于第一段内。

（2）单击常用工具栏上的“格式刷”按钮，此时鼠标指针变为刷子形状。

（3）把“刷子”移到第二段段首，用“格式刷”刷整个第二段。此后，文本第二段同第一段格式完全一样，效果如图 3.2.11 所示。

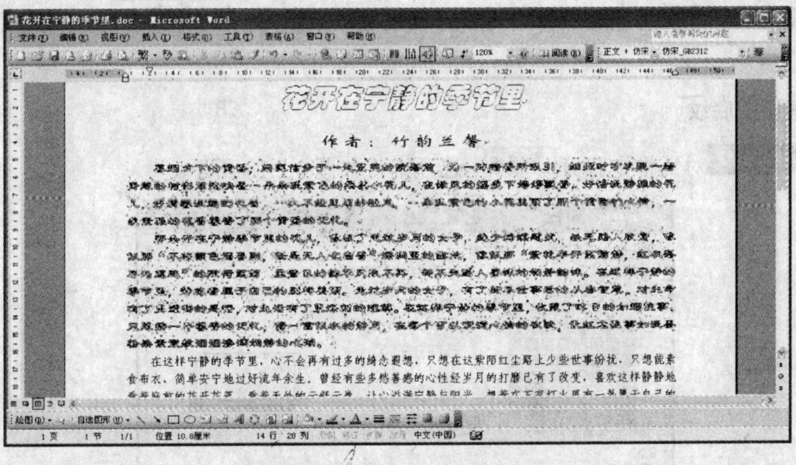

图 3.2.11　利用格式刷复制段落格式

（4）复制完成后，两次单击常用工具栏上的“格式刷”按钮，此时鼠标指针恢复原样，取消格式复制。

注意：如果单击格式刷按钮，仅一次性复制文本格式；如果双击格式刷按钮，可多次复制文本格式。

六、设置“段落”边框和底纹

在如图 3.2.6 所示的样文中，将第一段设置为边框带阴影双实线、蓝色、$1^1/_2$磅；底纹图案为样式 20%、黄色、背景为灰色-12.5%。具体操作步骤如下：

1．给段落设置边框

（1）选择 格式(O) → 边框和底纹(B)... 命令，弹出如图 3.2.12 所示的 边框和底纹 对话框，系统默认打开 边框(B) 选项卡。

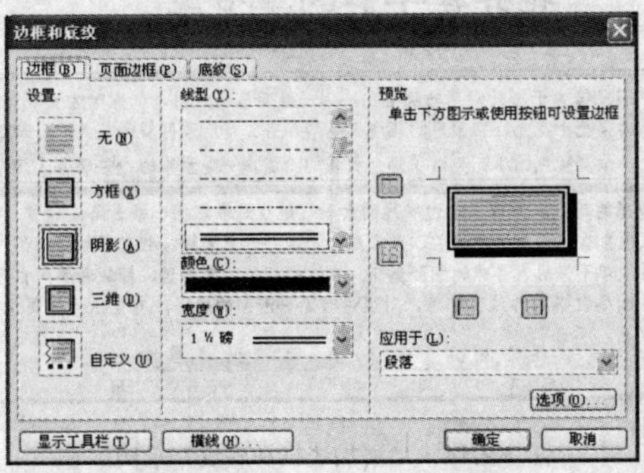

图 3.2.12　“边框和底纹”对话框

（2）在“设置”选项组中列出的 5 种边框样式中，选择“阴影”样式。

（3）在“线型”列表框中选择“双实线”型。

（4）在“颜色”列表框中选择“蓝色”。

（5）在“宽度”下拉列表中设置边框线条的粗细为“$1^1/_2$磅” 1½ 磅。

（6）在“应用于”下拉列表中选择“段落” 段落。

（7）设置完成后，在“预览”框中可以看到设置效果，单击 确定 按钮即可将设置应用于选定的段落中。

2．给段落设置底纹

（1）在 边框和底纹 对话框中打开 底纹(S) 选项卡，如图 3.2.13 所示。

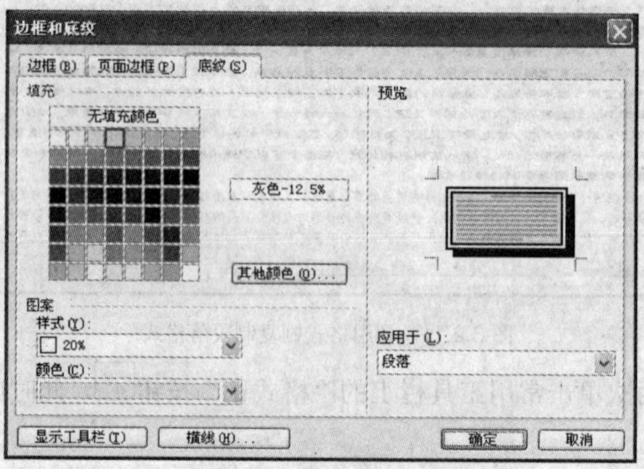

图 3.2.13 “底纹”选项卡

（2）在“填充”选项区域中选择底纹颜色为 灰色-12.5%。

（3）在“图案”选项组中的样式下拉列表中选择底纹样式为 20%。

（4）在“图案”选项组“颜色”下拉列表中选择“黄色”。

（5）在“应用于”下拉列表中选择“段落” 段落。

（6）设置完成后，在预览框中可以看到效果，单击 确定 按钮添加到选定的段落中，如图 3.2.14 所示。

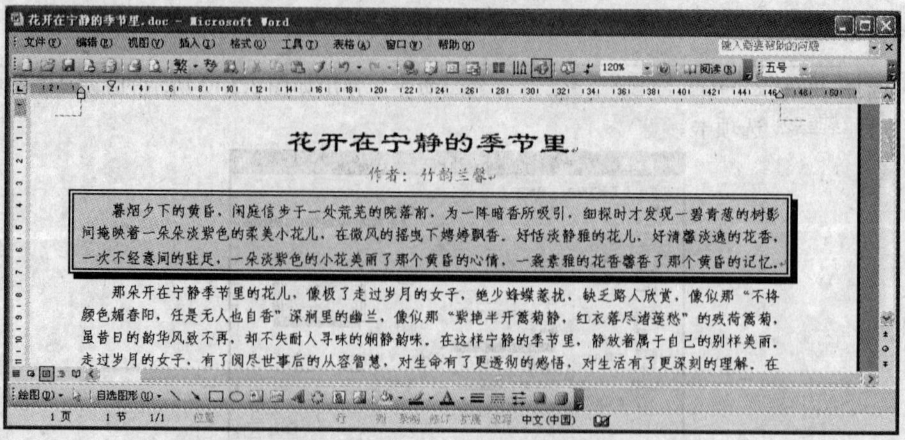

图 3.2.14 “添加边框和底纹”示例

七、文本的查找与替换

在编辑文本时，如果要修改的文本内容较多，这时可以利用查找与替换功能来节省时间，提高编辑速度。

1. 文本查找

使用“查找”功能，可以快速定位出要查找的文本内容。在如图 3.2.6 所示的样文中欲查找“宁静”，具体操作步骤如下：

（1）选择 编辑(E) → 查找(F)... Ctrl+F 命令，在弹出的 查找和替换 对话框中打开 查找(D) 选项卡，如图 3.2.15 所示。

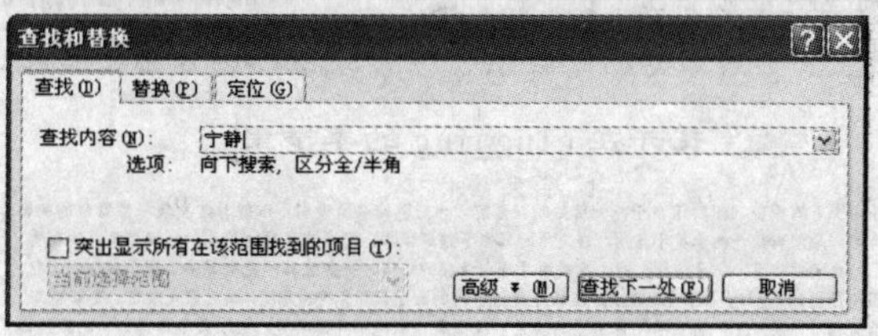

图 3.2.15 “查找”选项卡

（2）在“查找内容”文本框中输入要查找的内容“宁静”。

（3）如果是常规查找，单击 查找下一处(F) 按钮即可。

（4）在进行查找时，有时需要查找一些特定的字符和格式，可以单击 高级 ▾ (M) 按钮，看到 查找(D) 选项卡发生了扩展，如图 3.2.16 所示，读者可自行练习其中选项的设置。

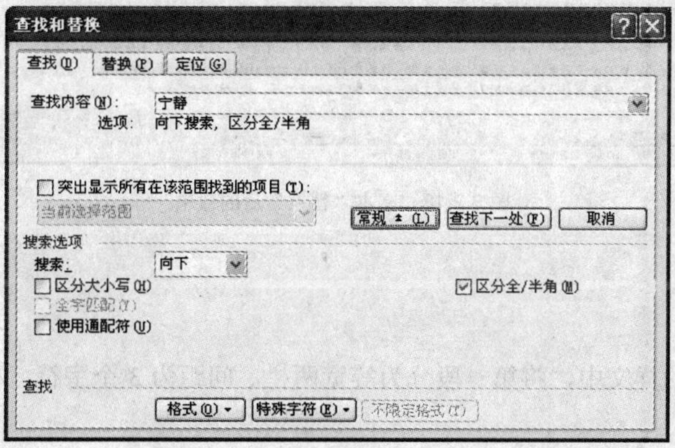

图 3.2.16 “查找”选项卡的高级形式

2. 文本替换

在如图 3.2.6 所示的样文中欲查找“宁静”并替换为“ningjing”，对文本内容进行替换的具体操作步骤如下：

（1）在弹出的 查找和替换 对话框中打开 替换(P) 选项卡，如图 3.2.17 所示。

（2）在“替换为”文本框中输入要替换的文本内容“ningjing”。

（3）单击 替换(R) 按钮，程序自动查找一个并替换；如果单击 查找下一处(F) 按钮，则只进行查找不替换；如果单击 全部替换(A) 按钮，则对整个文本进行查找并替换。

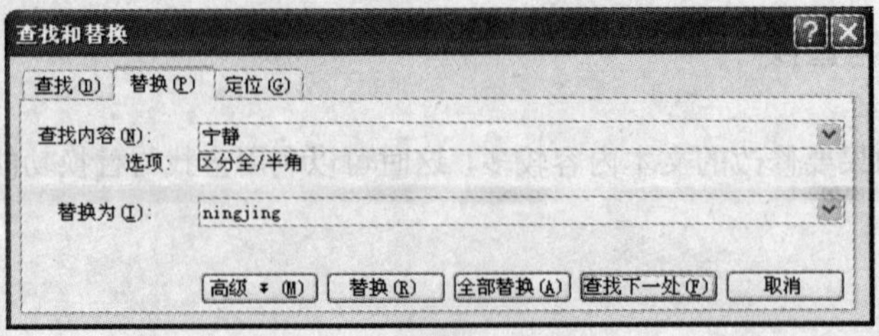

图 3.2.17 “替换”选项卡

（4）当对整个文本进行查找与替换后，会弹出一个关于“Word 已完成对文档的搜索”的对话框，单击 确定 按钮，然后在 查找和替换 对话框中单击 关闭 按钮即可，如图 3.2.18 所示。

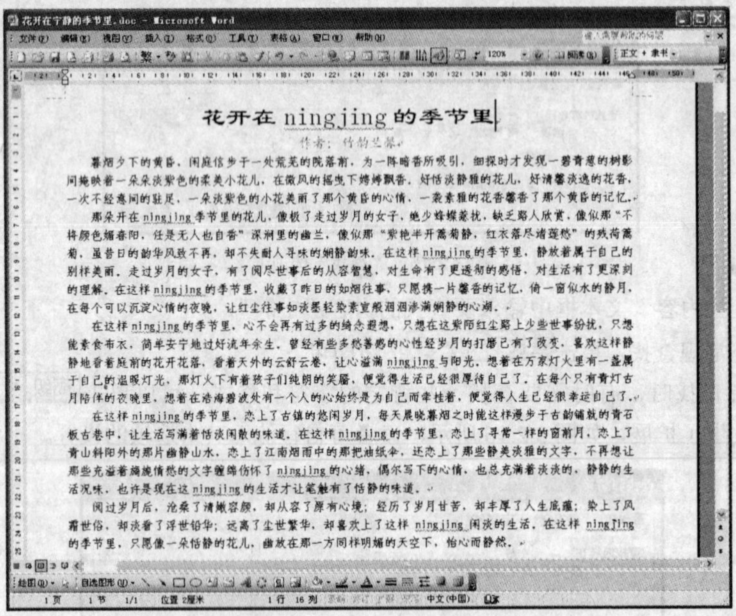

图 3.2.18 文本“替换”后的效果

八、分栏

在如图 3.2.6 所示的样文中，将第一段分为等宽两栏，间距为 3 个字符，栏与栏之间加分隔线，具体操作步骤如下：

（1）选择 格式(O) → 分栏(C)... 命令，弹出如图 3.2.19 所示的 分栏 对话框。

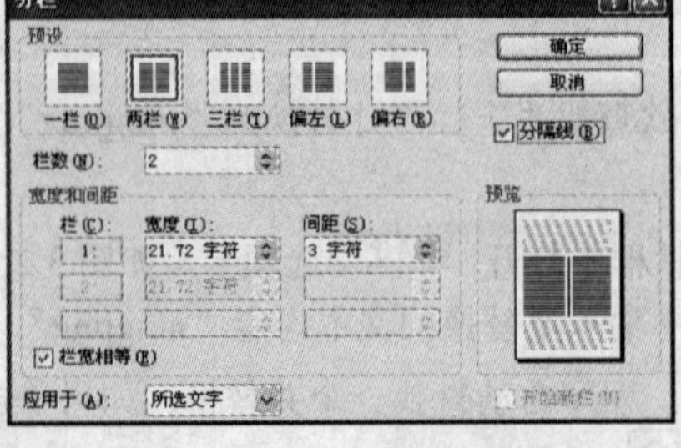

图 3.2.19 “分栏”对话框

（2）在 分栏 对话框中的“预设”区域，选择“两栏”。

（3）在“宽度和间距”选项组中选择“间距”为 3 字符 。

（4）再选择 ☑栏宽相等(E) 和 ☑分隔线(B) 两个复选框，单击 确定 按钮，如图 3.2.19 所示。

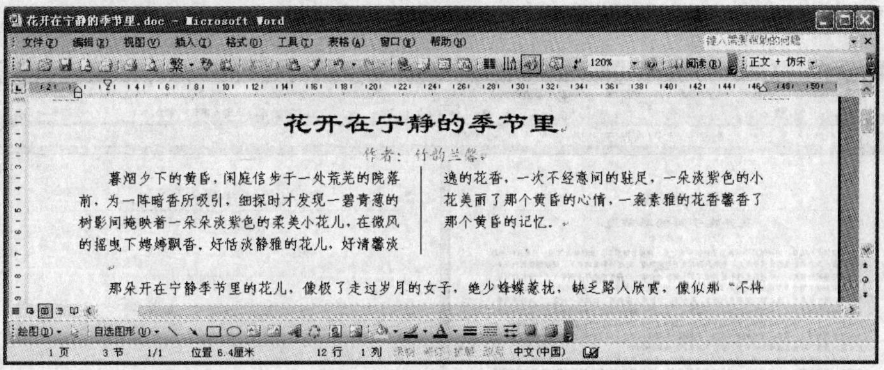

图 3.2.19　“分栏”操作效果

九、设置页眉和页脚

在如图 3.2.6 所示的样文中，要求设置其奇偶页不同的页眉：奇数页页眉的内容为“优秀散文集”，偶数页页眉的内容为“花开在宁静的季节里”。操作步骤如下：

（1）单击菜单栏上的 视图(V) → 页眉和页脚(H) 命令；或直接双击页面顶端灰色的页眉位置，进入页眉编辑区，并弹出 页眉和页脚 工具栏，如图 3.2.20 所示。

图 3.2.20　“页眉和页脚”工具栏

（2）单击“页眉和页脚”工具栏上的“页面设置”按钮，打开“页面设置”对话框。

（3）在 版式 选项卡的“页眉和页脚”区域中，选中 ☑奇偶页不同(O) 复选框，如图 3.2.21 所示。

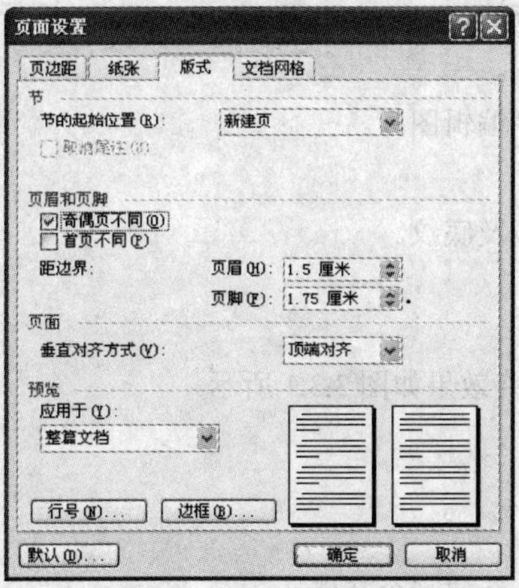

图 3.2.21　“版式”选项卡

（4）单击 确定 按钮，返回页眉编辑区，可以看到在页眉编辑区左上角出现“奇数页页眉”

字样，在页眉编辑区内输入页眉内容“优秀散文集”。

（5）单击“页眉和页脚”工具栏上的“显示下一项”按钮，切换到“偶数页页眉”编辑区，在页眉编辑区内输入页眉内容“花开在宁静的季节里”。

奇偶页页眉经不同设置后的效果如图 3.2.22 所示。

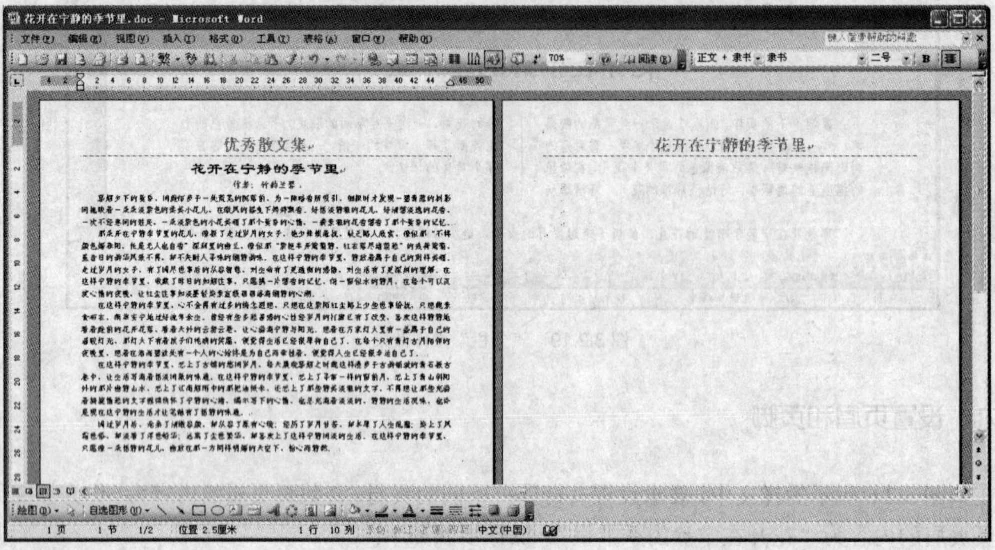

图 3.2.22　奇偶页页眉设置后的效果

设置页脚的方法是单击“页眉和页脚”工具栏上的“在页眉和页脚间切换”按钮，进入页脚编辑区，在其内输入相关内容，此操作请大家自行练习。

实验三　格式化文档与图文混排

【实验目的与要求】

（1）掌握图片文件的插入方法。

（2）掌握剪贴画的插入方法。

（3）会利用“图片”工具栏编辑图片。

（4）会设置“水印”效果。

（5）会为文本框设置边框线及底纹。

【实验内容与步骤】

经过各项操作，本实例的最终效果如图 3.3.1 所示。

一、输入文字

（1）打开 Word 2003 程序，新建一个文档。

（2）输入如图 3.3.2 所示的文字。

图 3.3.1　实例的最终效果

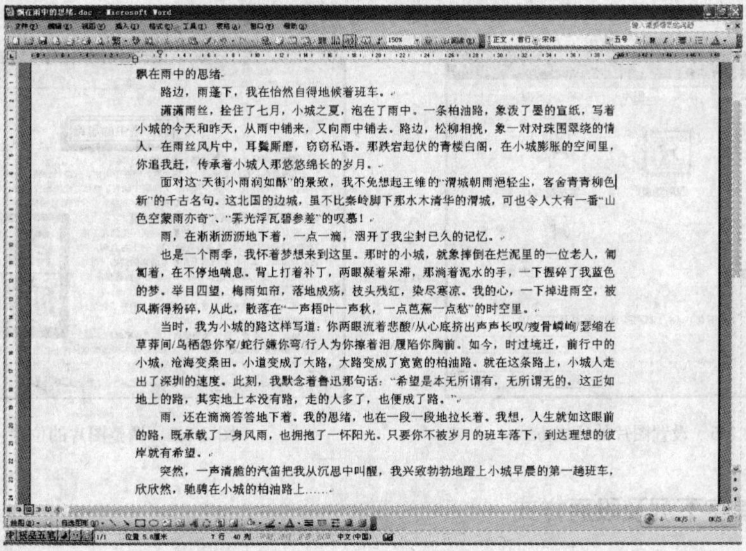
图 3.3.2　输入文字

二、给标题添加边框和阴影

（1）选定标题文字“飘在雨中的思绪”，将“字体”设置为“黑体”，“字号”设置为“小三”，然后将标题文字设置为“居中”对齐。

（2）确定标题文字处于选中状态，执行“格式”→“边框和底纹”命令，弹出“边框和底纹”对话框，在左侧选择“方框”按钮，然后在“线型”下拉列表中选择一种双线效果，并将“颜色”设置为红色，为了使标题具有阴影的效果，可以单击左侧的“阴影”按钮，最后在“应用于”下拉列表框中选择“文字”，各参数设置如图 3.3.3 所示。单击“确定”按钮，得到的效果如图 3.3.4 所示。

图 3.3.3　在“边框和底纹”对话框设置参数

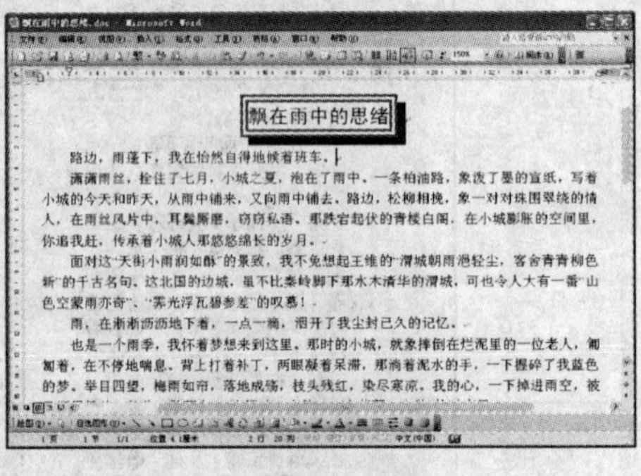

图 3.3.4　设置边框和阴影后的效果

三、插入图片并设置版式

（1）选择“插入”→“图片”→“来自文件”命令，在该文档中插入一幅准备好的图片。

（2）在插入的图片上单击鼠标右键，在弹出的快捷菜单中选择“设置图片格式”命令，弹出“设置图片格式”对话框，切换到“版式”选项卡中，将“环绕方式”设置为“四周型”，如图 3.3.5 所示，最后单击“确定”按钮。

（3）将图片拖动到合适的位置，得到如图 3.3.6 所示的效果。

图 3.3.5　设置图片的环绕方式

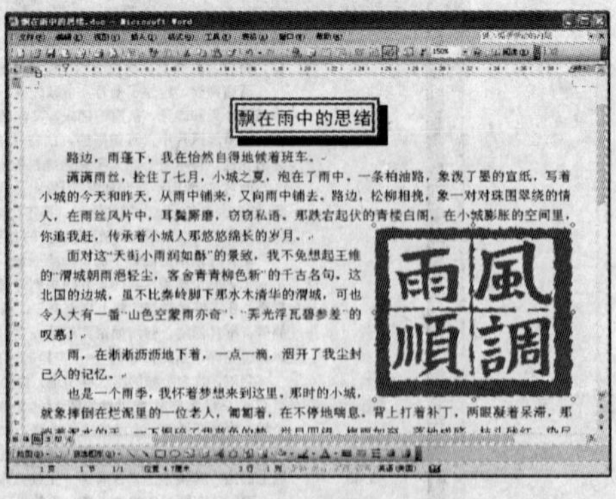

图 3.3.6　调整图片的位置

四、设置首字下沉及段落样式

（1）将光标定位在第二段的任意处，执行“格式”→“首字下沉”命令，弹出“首字下沉”对话框，将“位置”设置为“下沉”，“字体”设置为“华文行楷”，“下沉行数”设置为 2，如图 3.3.7 所示。

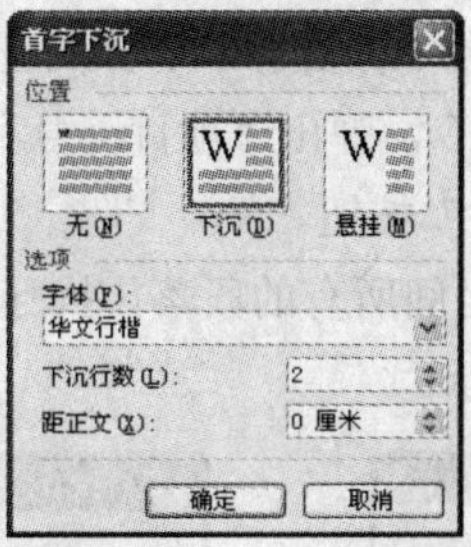

图 3.3.7　设置首字下沉

（2）将光标定位在第一段的任意处，执行“格式”→“段落”命令，弹出“段落”对话框，将“间距”下的“段前”和“段后”分别设置为“1 行”和“0 行”，如图 3.3.8 所示。

（3）将光标定位在第二段的任意处，执行“格式”→“段落”命令，弹出“段落”对话框，将“间距”下的“段前”和“段后”分别设置为“1 行”和“0.5 行”，如图 3.3.9 所示。

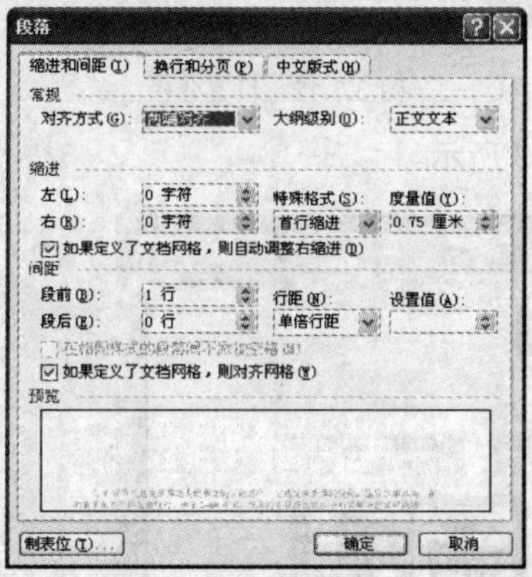

图 3.3.8　设置第一段的段落间距

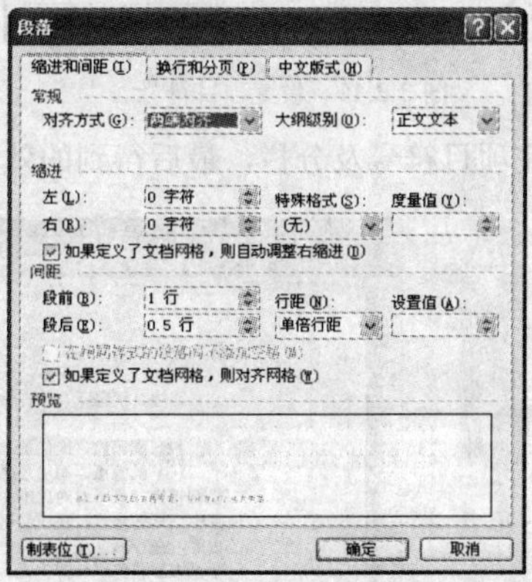

图 3.3.9　设置第二段的段落间距

（4）适当调节图片的位置，也可以调节首字下沉的“潇”的位置，最后得到的效果如图 3.3.10 所示。

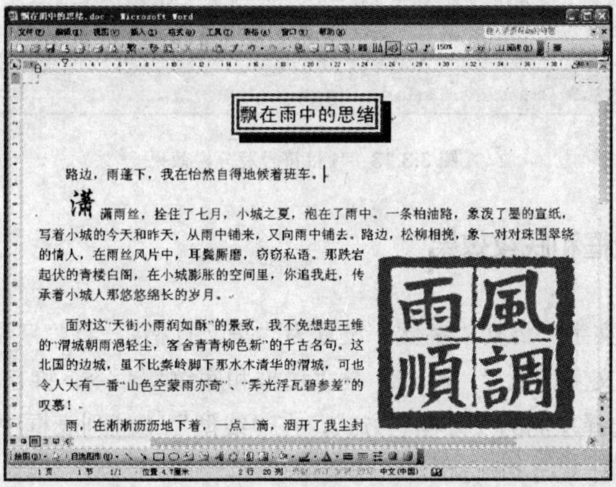

图 3.3.10　设置首字下沉及段落样式后的效果

五、设置项目符号并分栏

（1）将正文文本字号设置为小四号字。选择从“面对……”到“突然……”之间所有的段落，执行“格式”→“项目符号和编号”命令，弹出“项目符号和编号”对话框，如图 3.3.11 所示，选择一种自己喜欢的符号，然后单击“确定”按钮。

（2）选择从“面对”到“突然”之间所有的段落，执行“格式”→“分栏”命令，弹出“分栏”对话框，选择“两栏”，如图 3.3.12 所示。

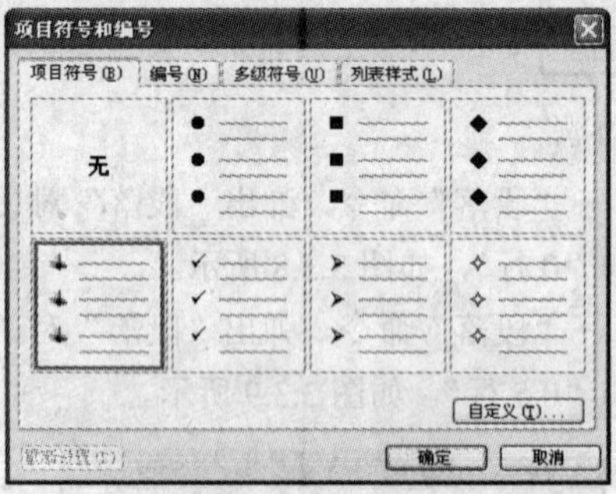

图 3.3.11 设置项目符号

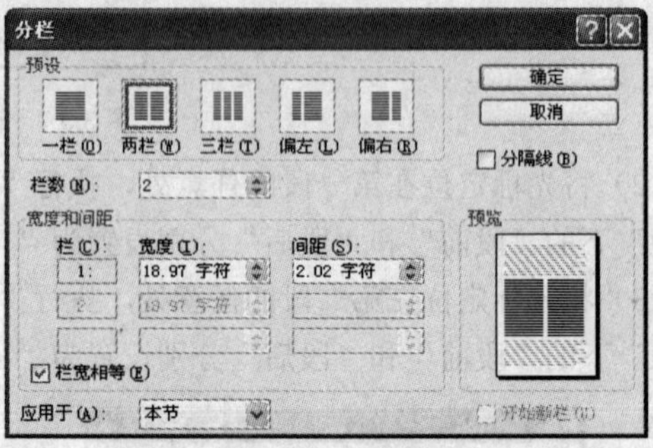

图 3.3.12 设置分栏

设置完项目符号及分栏，最后得到的效果如图 3.3.13 所示。

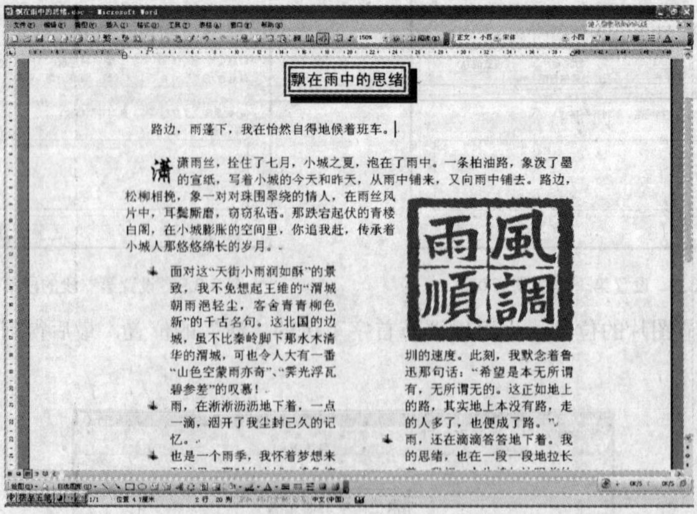

图 3.3.13 项目符号及分栏效果

六、为末段添加边框和底纹效果

（1）选定最后一段文字，将其“字体”设置为“华文行楷”，将“字号”设置为“四号”。

（2）选定最后一段文字，执行“格式”→“边框和底纹”命令，弹出“边框和底纹”对话框。在“边框”选项卡中，选择左侧的“方框”方式，在“线型”下拉列表框中选择一种虚线，将“应用于”设置为“段落”，如图 3.3.14 所示。

（3）切换到“底纹”选项卡中，选择“天蓝色”作为底纹的颜色，如图 3.3.15 所示。

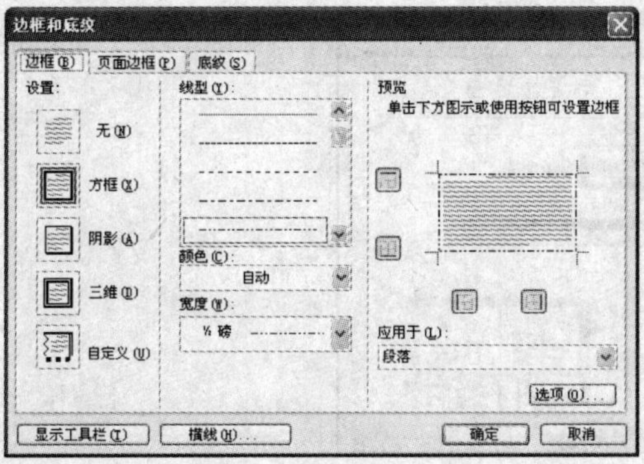

图 3.3.14 设置边框

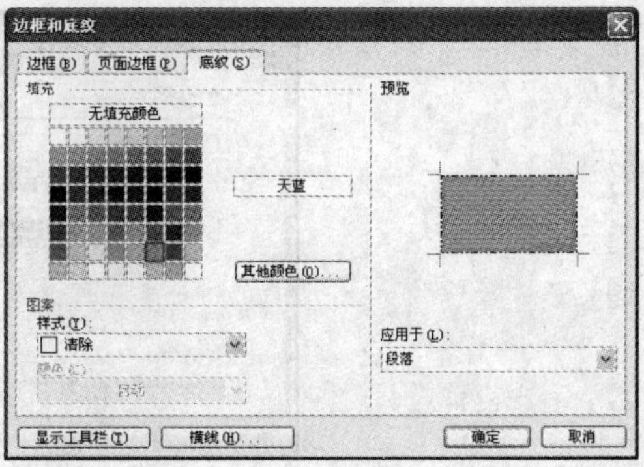

图 3.3.15 设置底纹

七、添加批注

(1) 执行“工具”→“修订”命令，打开“审阅”工具条，选择第三段开头的“面对这”三字，然后单击“审阅”工具条上的“插入批注”按钮，如图 3.3.16 所示，接着就可以输入批注的内容了。

图 3.3.16 “审阅”工具条

(2) 输入批注的内容后，得到的效果如图 3.3.17 所示。

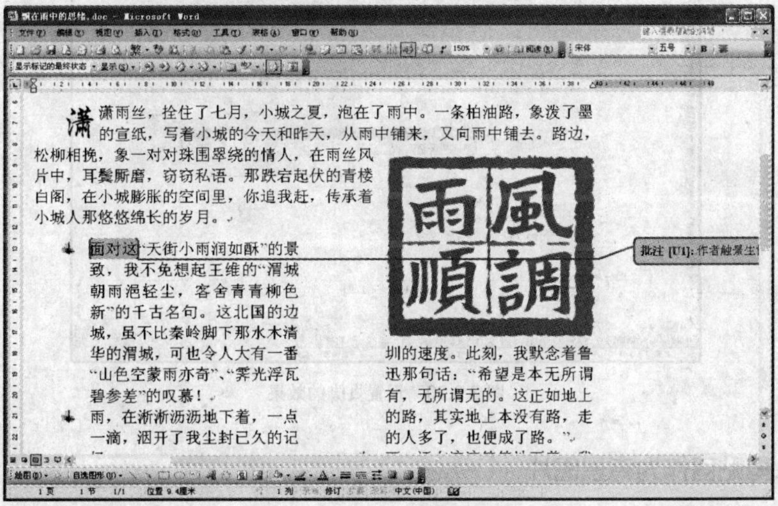

图 3.3.17 添加批注的效果

八、设置页眉和页脚

(1) 执行“视图”→“页眉和页脚”命令，在页眉位置输入“优秀散文集”，如图 3.3.18 所示。

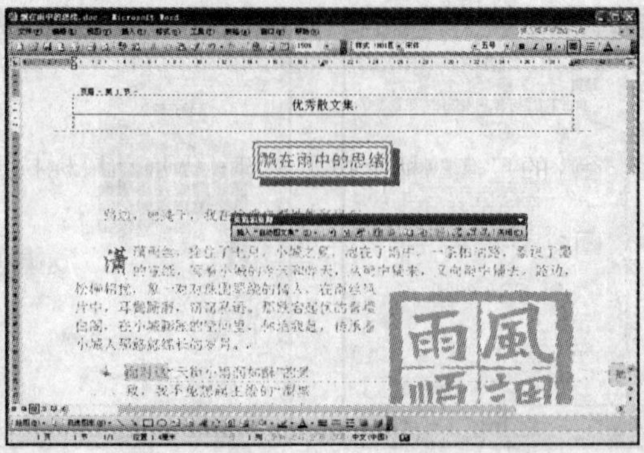

图 3.3.18　插入页眉的效果

（2）在“页眉和页脚”工具栏中，单击“在页眉和页脚间切换”按钮，如图 3.3.19 所示，这时进入页脚编辑状态。

图 3.3.19　切换到页脚

（3）单击“页眉和页脚”工具栏中的“插入“自动图文集”“按钮，在弹出的快捷菜单中选择“第 X 页共 Y 页”，然后再将页脚居中，得到如图 3.3.20 所示的效果。

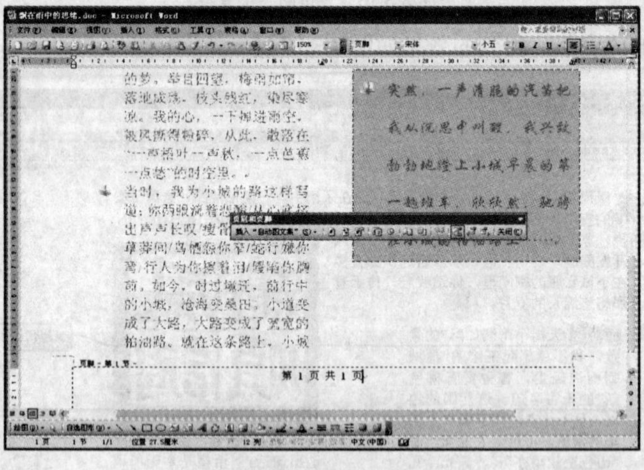

图 3.3.20　设置页脚的效果

九、插入剪贴画作为背景图片

（1）先定位光标到第一个回车符前，然后打开“插入”菜单，选择“图片”→“剪贴画”命令，在屏幕的右端出现了任务窗格，显示的都是有关插入剪贴画的功能选项。

（2）在此想用一张夏天的风景图作为文章的背景图片，所以在任务窗格的搜索输入栏输入“夏天”作为关键字，单击“搜索”按钮，任务窗格里就出现了许多以“夏天”为关键字的图片缩略图，选择一张合适的，单击它，这张剪贴画就会自动插入到光标处，如图 3.3.21 所示。

（3）现在需要调整这张剪贴画的位置，先选中它，现在图片的周围有一些黑色的小正方形，这些叫做尺寸句柄。把鼠标放到上面，鼠标指针就变成了可拖动的形状，此时按下左键拖动鼠标，就可以改变图片的大小了。

（4）可以通过裁剪把图片中不需要的部分裁掉。单击“图片”工具栏上的“裁剪”按钮，鼠标就变成了裁剪的形状。这时在图片的尺寸句柄上按下左键，再拖动鼠标拉出一个虚线框后，松开鼠标左键，就可以把虚线框以外的部分裁掉了，如图 3.3.22 所示。

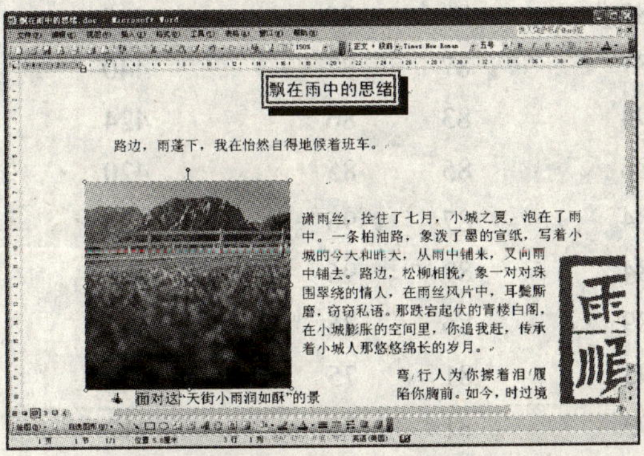

图 3.3.21　插入剪贴画

图 3.3.22　调整图片的大小

（5）单击“图片”工具栏上的“文字环绕”按钮，再从弹出的菜单中选择“衬于文字下方”，图片退到文字后面变成背景，在这种版式下，图片的移动就变得容易多了。把鼠标移动到图片上，鼠标指针就会变成可移动的形状。按下鼠标左键并拖动，就可以随意地改变图片的位置了。

（6）作为背景图，不应该有太高的对比度，连续单击“图片”工具栏上的“降低对比度”按钮 10 次来降低对比度。

（7）这时的图片对比度虽然降低了，但是颜色太深，图片上方的字还是看不清楚。此时只须再连续单击“图片”工具栏上的“增加亮度”按钮 10 次，增加亮度即可。这样图片和页面就更加融合了，而且图片上方的文字也可以看清楚了，如图 3.3.1 所示。

至此，该实例就制作完成了。

实验四　表格的制作与编辑

【实验目的与要求】

（1）掌握表格的创建方法。

（2）会合并与拆分单元格。

（3）掌握表格行高和列宽的设置及单元格对齐方式的设置。

（4）会设置表格的边框和底纹。

（5）会设置表格的斜线表头。

（6）掌握制表符的使用。

【实验内容与步骤】

下面是 2011 年期末考试的学生成绩统计文本，其中每一项以制表符断开，下面我们将它转换成如图 3.4.1 所示的表格效果。

	大学语文	高等数学	实用英语	政治	体育	总分
米贝明	97	74	87	89	85	432
臧计	80	91	93	90	89	443
伏成	93	88	86	90	65	422
戴谈宋	99	94	84	82	75	434
茅庞熊	77	86	87	90	85	425
纪舒	81	98	87	87	87	440
屈项	83	78	94	83	86	424
祝董梁	72	92	86	85	85	420
杜阮蓝	86	53	84	87	96	406
闽席	86	53	84	87	96	406
季麻	78	88	89	86	76	417
强贾路	87	76	93	81	75	412
娄危	87	76	93	81	75	412
江童颜	87	76	93	81	75	412
郭梅	78	87	89	86	76	416
盛林	87	62	93	81	75	398

2011 年期末考试成绩表

科目 / 姓名	大学语文	高等数学	实用英语	政治	体育	总分
臧计	80	91	93	90	89	443
纪舒	81	98	87	87	87	440
戴谈宋	99	94	84	82	75	434
米贝明	97	74	87	89	85	432
茅庞熊	77	86	87	90	85	425
屈项	83	78	94	83	86	424
伏成	93	88	86	90	65	422
祝董梁	72	92	86	85	85	420
季麻	78	88	89	86	76	417
郭梅	78	87	89	86	76	416
强贾路	87	76	93	81	75	412
娄危	87	76	93	81	75	412
江童颜	87	76	93	81	75	412
杜阮蓝	86	53	84	87	96	406
闽席	86	53	84	87	96	406
盛林	87	62	93	81	75	398
平均分	84.88	79.5	88.88	85.38	81.31	419.94

图 3.4.1　2011 年期末考试的学生成绩统计表

一、将文本转换成表格

在 Word 中打开这个文本文档，或者直接输入这些内容，然后将其全部选中，执行“表格”→“转换”→“文本转换成表格”命令，弹出“将文字转换成表格”对话框，如图 3.4.2（a）所示。将“列数”设置为“7”，在“文字分隔位置”栏中选择“制表符”单选按钮，最后单击“确定”按钮，这样一个 17 行 7 列的表格就生成了，如图 3.4.2（b）所示。

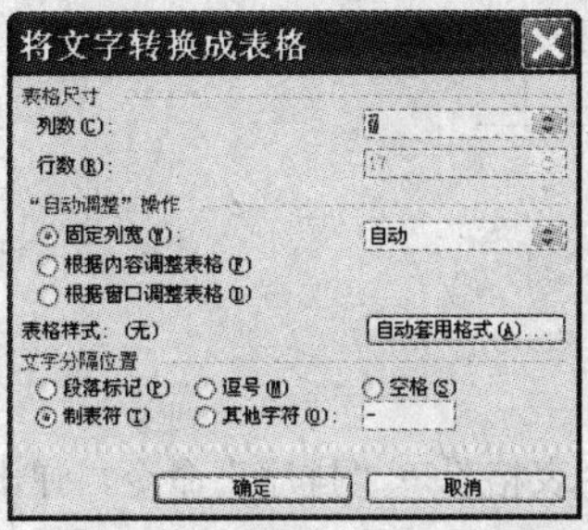

（a）“将文字转换成表格”对话框

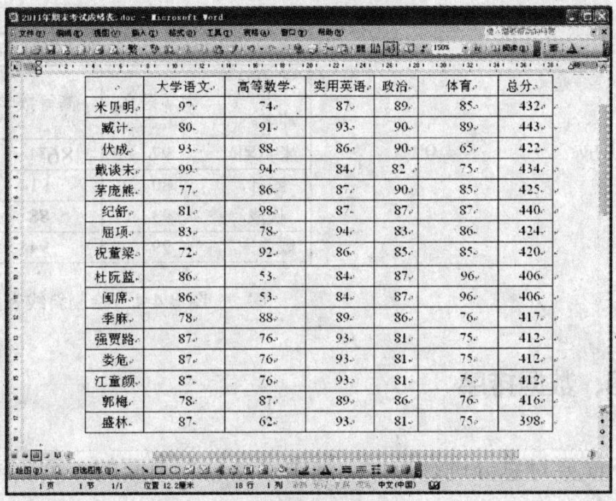

	大学语文	高等数学	实用英语	政治	体育	总分
米贝明	97	74	87	89	85	432
臧计	80	91	93	90	89	443
伏成	93	88	86	90	65	422
戴谈末	99	94	84	82	75	434
茅庞熊	77	86	87	90	85	425
纪舒	81	98	87	87	87	440
屈项	83	78	94	83	86	424
祝董梁	72	92	86	85	85	420
杜阮蓝	86	53	84	87	96	406
闻席	86	53	84	87	96	406
季麻	78	88	89	86	76	417
强贾路	87	76	93	81	75	412
娄危	87	76	93	81	75	412
江童颜	87	76	93	81	75	412
郭梅	78	87	89	86	76	416
盛林	87	62	93	81	75	398

（b）生成的表格

图 3.4.2　文本转换成表格

二、调整表格

先在最上方给表格加一个标题。选中第一个单元格，执行“表格”→“插入”→“行（在上方）”命令，然后合并插入行的单元格，并输入标题“2011 年期末考试成绩表”，接着将表格的对齐方式全部设置为“垂直居中对齐”，如图 3.4.3 所示。

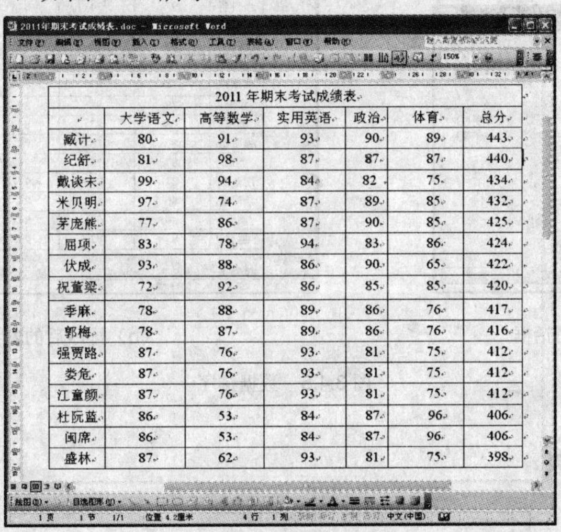

2011 年期末考试成绩表						
	大学语文	高等数学	实用英语	政治	体育	总分
臧计	80	91	93	90	89	443
纪舒	81	98	87	87	87	440
戴谈末	99	94	84	82	75	434
米贝明	97	74	87	89	85	432
茅庞熊	77	86	87	90	85	425
屈项	83	78	94	83	86	424
伏成	93	88	86	90	65	422
祝董梁	72	92	86	85	85	420
季麻	78	88	89	86	76	417
郭梅	78	87	89	86	76	416
强贾路	87	76	93	81	75	412
娄危	87	76	93	81	75	412
江童颜	87	76	93	81	75	412
杜阮蓝	86	53	84	87	96	406
闻席	86	53	84	87	96	406
盛林	87	62	93	81	75	398

图 3.4.3　调整表格

三、绘制斜线表头

将光标定位在第二行、第一列，然后执行“表格”→“绘制表格”命令，弹出“表格和边框”对话框。单击“绘制表格”按钮，使鼠标指针变成铅笔形，然后在单元格中画出一条斜线，在斜线的两侧分别输入“科目”和“姓名”，再分别设置其对齐方式为“右对齐”和“左对齐”，如图 3.4.4 所示。

2011 年期末考试成绩表				
科目 姓名	大学语文	高等数学	实用英语	政
米贝明	97	74	87	
臧计	80	91	93	
伏成	93	88	86	
戴谈宋	99	94	84	8

图 3.4.4　绘制斜线表头

四、数据排序

下面要对总分进行排序。选中“总分”下面的一列，再执行“表格”→“排序”命令，弹出“排序”对话框，如图 3.4.5（a）所示。在其中设置“主要关键字”为“列 7”，类型为“数字”，按照“降序”排列，单击“确定”按钮后，表格中的数据就按照从高到低的顺序排列好了，如图 3.4.5（b）所示。

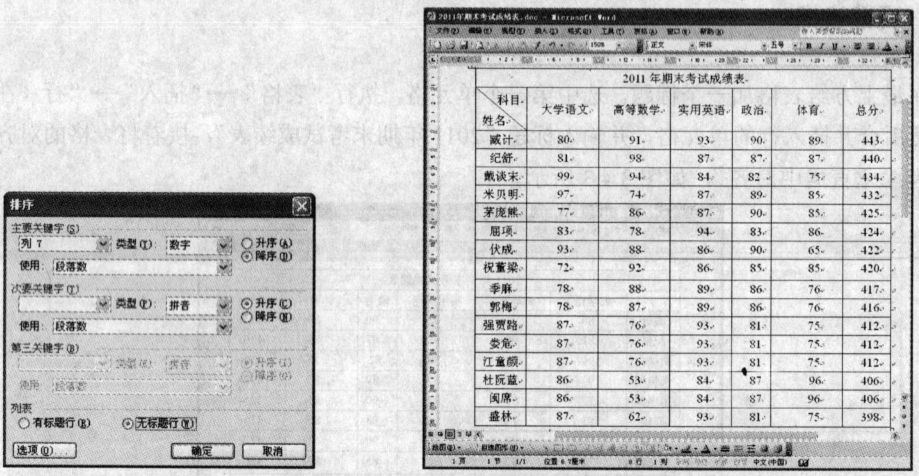

（a）“排序”对话框　　　　（b）排序后的表格

图 3.4.5　数据排序

五、计算单科平均数

下面我们计算一下每一科的平均分。

（1）先在表格的下方插入一行，再在插入行的第一个单元格内输入“平均分”，如图 3.4.6 所示。

娄危	87	76	93	81	75
江童颜	87	76	93	81	75
杜阮蓝	86	53	84	87	96
闻席	86	53	84	87	96
盛林	87	62	93	81	75
平均分					

图 3.4.6　计算单科平均数

（2）将光标定位在第二个单元格内，然后执行“表格”→“公式”命令，弹出“公式”对话框，如图 3.4.7（a）所示。在“公式”栏内输入“=SUM(ABOVE)/16”后，单击“确定”按钮，大学语文的平均分就算出来了，计算结果如图 3.4.7（b）所示。

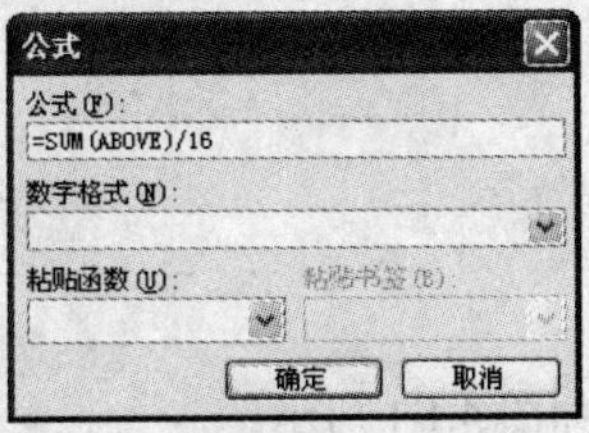

（a）“公式”对话框

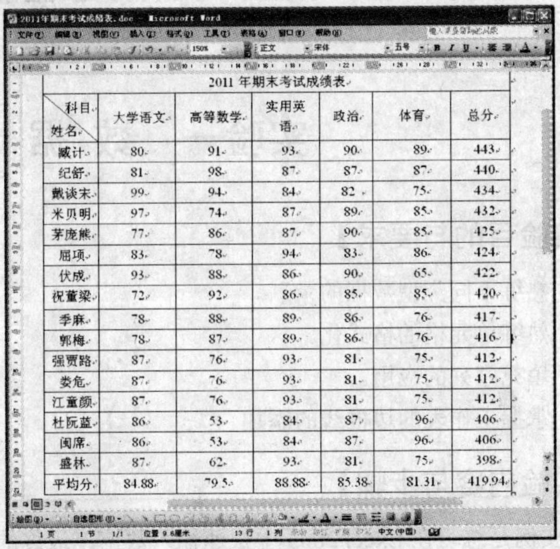

2011 年期末考试成绩表

科目/姓名	大学语文	高等数学	实用英语	政治	体育	总分
臧计	80	91	93	90	89	443
纪舒	81	98	87	87	87	440
戴谈宋	99	94	84	82	75	434
米贝明	97	74	87	89	85	432
茅庞熊	77	86	87	90	85	425
屈项	83	78	94	83	86	424
伏成	93	88	86	90	65	422
祝董梁	72	92	86	85	85	420
季麻	78	88	89	86	76	417
郭梅	78	87	89	86	76	416
强贾路	87	76	93	81	75	412
娄危	87	76	93	81	75	412
江董颜	87	76	93	81	75	412
杜阮蓝	86	53	84	87	96	406
闽席	86	53	84	87	96	406
盛林	87	62	93	81	75	398
平均分	84.88	79.5	88.88	85.38	81.31	419.94

（b）计算结果

图 3.4.7　使用“公式”计算平均分

用同样的方法求出其他科目的平均分，可以按 F4 键重复上次操作。

六、域的更新

Word 还有一个非常不错的优点，比如我们发现米贝明的大学语文成绩输错了，那么将他的分数改过来后，总分和平均分也要相应修改，这时只须选中米贝明平均分所在的单元格，单击鼠标右键，在快捷菜单中选择“更新域”命令，平均分就被改过来了。

如果总分也是通过公式计算出来的，那么用同样的办法也可以更新总分。

项目四　电子表格处理软件 Excel 2003

实验一　数 据 录 入

【实验目的与要求】

（1）熟练不同类型数据的录入。

（2）熟练单元格的格式化。

（3）填充序列的应用。

（4）掌握工作表的边框线的添加。

【实验内容与步骤】

这个实例是练习在 Excel 2003 中快速输入数据，最终的效果如图 4.1.1 所示。

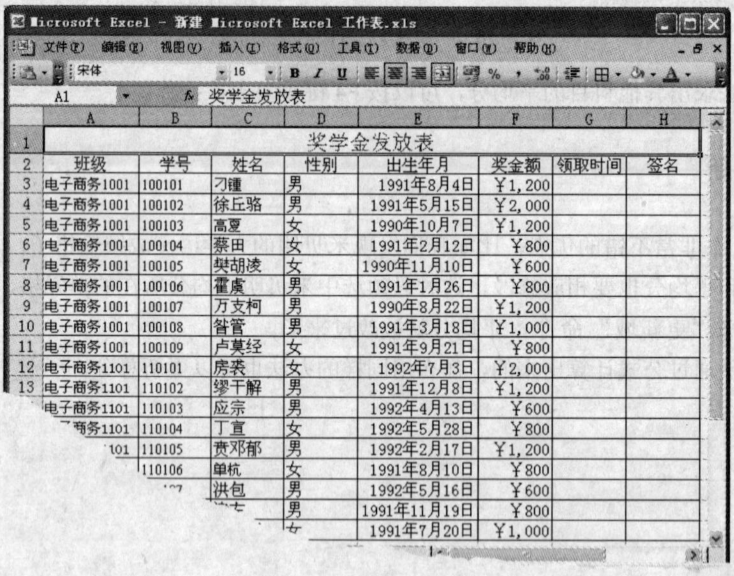

	A	B	C	D	E	F	G	H
1	奖学金发放表							
2	班级	学号	姓名	性别	出生年月	奖金额	领取时间	签名
3	电子商务1001	100101	刁锺	男	1991年8月4日	￥1,200		
4	电子商务1001	100102	徐丘骆	男	1991年5月15日	￥2,000		
5	电子商务1001	100103	高夏	女	1990年10月7日	￥1,200		
6	电子商务1001	100104	蔡田	女	1991年2月12日	￥800		
7	电子商务1001	100105	樊胡淩	女	1990年11月10日	￥600		
8	电子商务1001	100106	霍虞	男	1991年1月26日	￥800		
9	电子商务1001	100107	万支柯	男	1990年8月22日	￥1,200		
10	电子商务1001	100108	昝管	男	1991年3月18日	￥1,000		
11	电子商务1001	100109	卢莫经	女	1991年9月21日	￥800		
12	电子商务1101	110101	房袭	女	1992年7月3日	￥2,000		
13	电子商务1101	110102	缪干解	男	1991年12月8日	￥1,200		
	电子商务1101	110103	应宗	男	1992年4月13日	￥600		
	商务1101	110104	丁宣	女	1992年5月28日	￥800		
	101	110105	贲邓郁	男	1992年2月17日	￥1,200		
		110106	单杭	女	1991年8月10日	￥800		
			洪包	男	1992年5月16日	￥600		
				男	1991年11月19日	￥800		
				女	1991年7月20日	￥1,000		

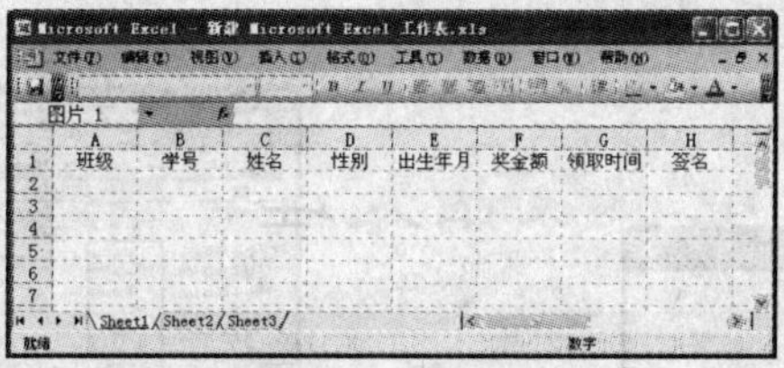

图 4.1.2　输入表头内容并居中

二、快速输入相同的内容

（1）在 A2 单元格中输入“电子商务 1001”，将光标放在 A2 单元格的右下角，按键盘上的 Ctrl 键不放，拖动鼠标到 A10 单元格，这时可以看到在 A2:A10 单元格内出现了相同的内容，如图 4.1.3 所示。

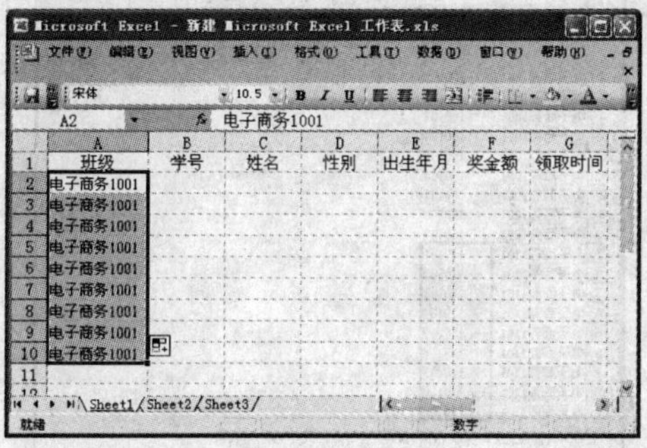

图 4.1.3　输入相同的内容

（2）在 A11 单元格内输入“电子商务 1101”，然后按住 Ctrl 键，利用填充柄实现复制功能，这样在 A11:A19 单元格区域内就快速地输入了相同的班级信息，得到的效果如图 4.1.4 所示。

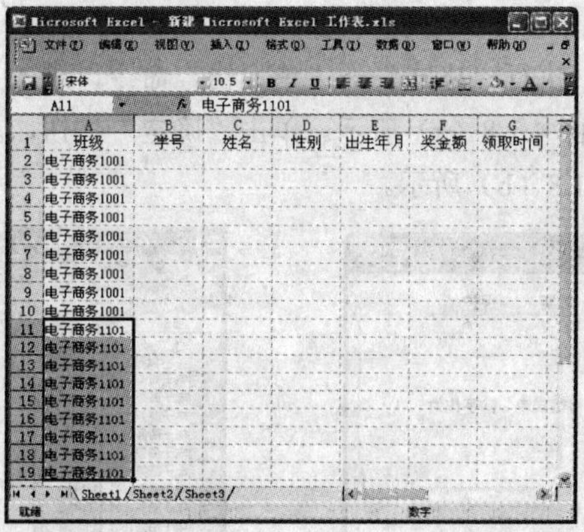

图 4.1.4　再次输入相同的内容

三、输入等差序列的数字

（1）在 B2 单元格中输入“100101”，选中 B2:B10 单元格区域，执行“编辑”→“填充”→“序列”命令，弹出“序列”对话框，保持默认设置，如图 4.1.5 所示，最后单击“确定”按钮，就可以看到按顺序自动填充后的效果，如图 4.1.6 所示。

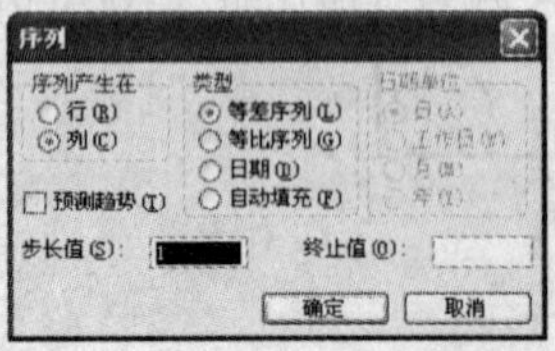

图 4.1.5 “序列”对话框

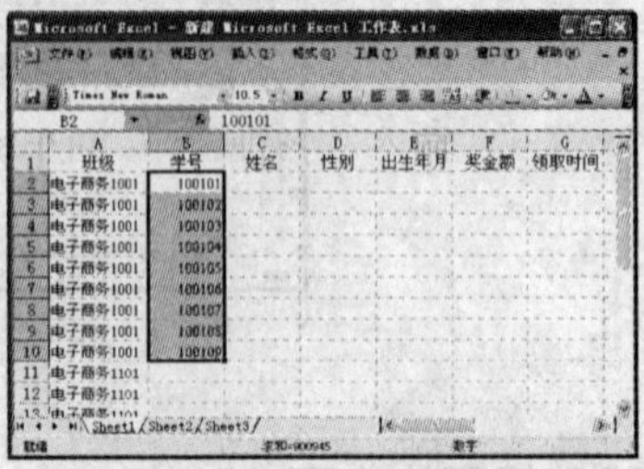

图 4.1.6 按顺序自动填充后的效果

（2）在 B11 单元格中输入“110101”，使用下拉填充柄的方法自动填充 B11:B19 单元格区域，填充后的效果如图 4.1.7 所示。

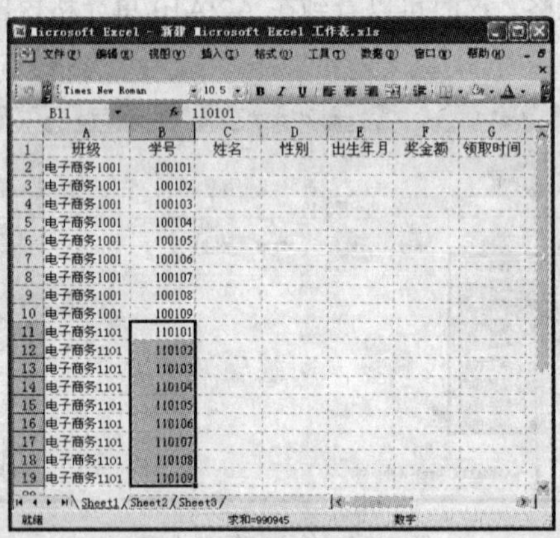

图 4.1.7 填充后的效果

四、将数字转换为文本格式

选中 B2:B19 单元格区域，执行“格式”→“单元格”命令，进入“数字”选项卡，在“分类”列表中选择“文本”选项，如图 4.1.8（a）所示。单击“确定”按钮，就可以将数字格式转换为文本格式，数字将左对齐，如图 4.1.8（b）所示。

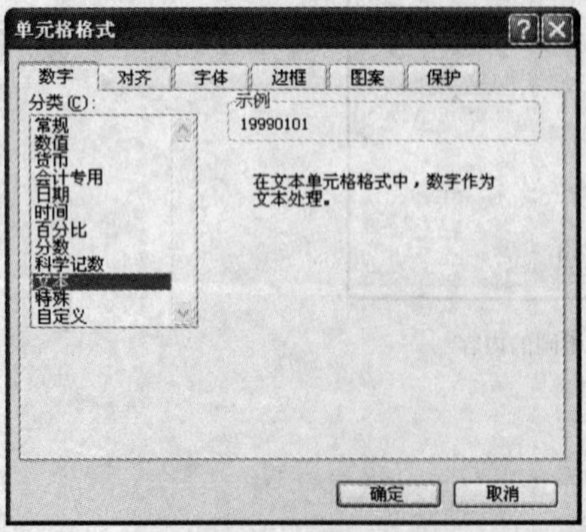

（a）“数字”选项卡

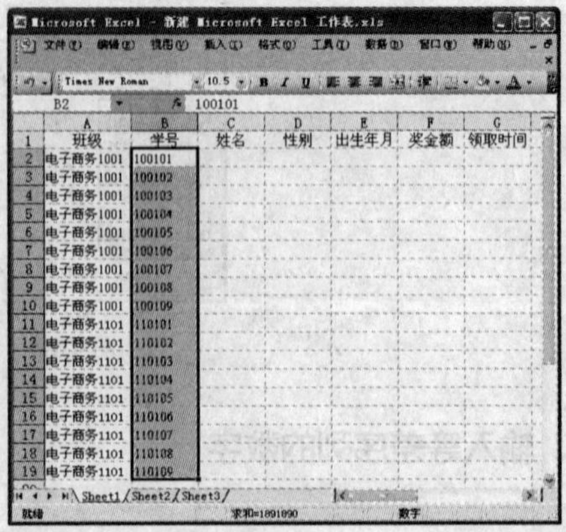

（b）数字格式转换为文本格式的结果

图 4.1.8 将数字转换为文本格式

五、输入姓名及性别

选中 C2 单元格，输入“刁锺”，按回车键继续输入下一个姓名“徐丘骆”，使用相同的方法输入姓名和性别，输入后的效果如图 4.1.9 所示。

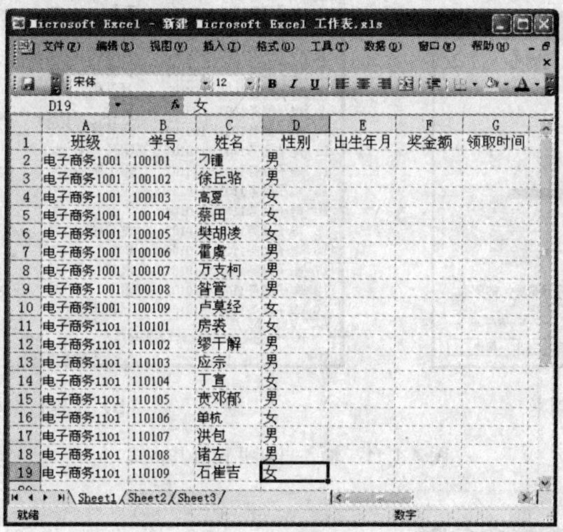

	A	B	C	D	E	F	G
1	班级	学号	姓名	性别	出生年月	奖金额	领取时间
2	电子商务1001	100101	刁锺	男			
3	电子商务1001	100102	徐丘骆	男			
4	电子商务1001	100103	高夏	女			
5	电子商务1001	100104	蔡田	女			
6	电子商务1001	100105	樊胡凌	女			
7	电子商务1001	100106	霍虞	男			
8	电子商务1001	100107	万支柯	男			
9	电子商务1001	100108	昝管	男			
10	电子商务1001	100109	卢莫经	女			
11	电子商务1101	110101	房裘	女			
12	电子商务1101	110102	缪干解	男			
13	电子商务1101	110103	应宗	男			
14	电子商务1101	110104	丁宣	女			
15	电子商务1101	110105	贲邓郁	男			
16	电子商务1101	110106	单杭	女			
17	电子商务1101	110107	洪包	男			
18	电子商务1101	110108	诸左	男			
19	电子商务1101	110109	石崔吉	女			

图 4.1.9 输入姓名及性别

六、输入日期并设置其格式

（1）选中 E2 单元格，输入“1991-8-4”，按回车键后继续输入“1991-5-15”，用相同的方法输入其他的“出生年月”，输入完成后的效果如图 4.1.10 所示。

	A	B	C	D	E	F	G
1	班级	学号	姓名	性别	出生年月	奖金额	领取
2	电子商务1001	100101	刁锺	男	1991-8-4		
3	电子商务1001	100102	徐丘骆	男	1991-5-15		
4	电子商务1001	100103	高夏	女	1990-10-7		
5	电子商务1001	100104	蔡田	女	1991-2-12		
6	电子商务1001	100105	樊胡凌	女	1990-11-10		
7	电子商务1001	100106	霍虞	男	1991-1-26		
8	电子商务1001	100107	万支柯	男	1990-8-22		
9	电子商务1001	100108	昝管	男	1991-3-18		
10	电子商务1001	100109	卢莫经	女	1991-9-21		
11	电子商务1101	110101	房裘	女	1992-7-3		
12	电子商务1101	110102	缪干解	男	1991-12-8		
13	电子商务1101	110103	应宗	男	1992-4-13		
14	电子商务1101	110104	丁宣	女	1992-5-28		
15	电子商务1101	110105	贲邓郁	男	1992-2-17		
16	电子商务1101	110106	单杭	女	1991-8-10		
17	电子商务1101	110107	洪包	男	1992-5-16		
18	电子商务1101	110108	诸左	男	1991-11-19		
19	电子商务1101	110109	石崔吉	女	1991-7-20		

图 4.1.10 输入日期

（2）选中 E2:E19 单元格，执行“格式”→“单元格”命令，弹出“单元格格式”对话框，进入“数字”选项卡，在“分类”列表中选择“日期”选项，在“类型”下拉列表中选择“2001 年 3 月 14 日”，如图 4.1.11（a）所示。最后单击“确定”按钮，效果如图 4.1.11（b）所示。

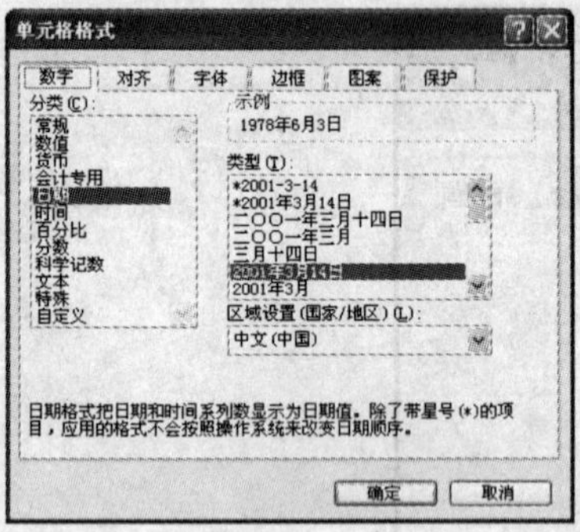

(a)“数字”选项卡

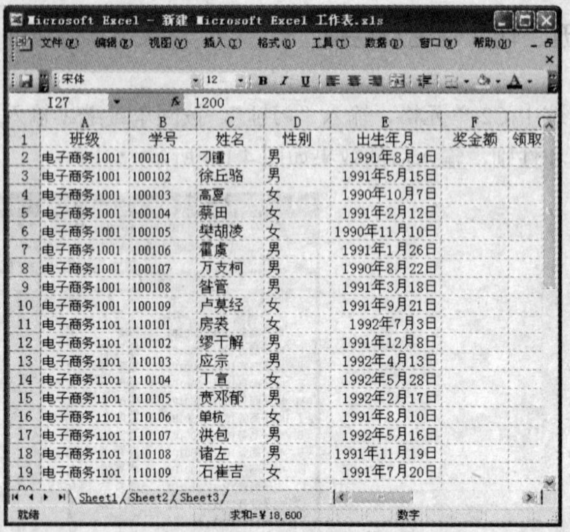

(b) 设置日期格式

图 4.1.11 输入日期并设置其格式

七、输入货币格式的奖学金金额

在“奖学金金额”一列中输入数据，选中 F2:F19 单元格区域，执行“格式”→“单元格”命令，弹出“单元格格式”对话框，进入“数字”选项卡，在“分类”列表中选择“货币”选项，将“小数位数”设置为“0”，如图 4.1.12（a）所示。单击“确定”按钮，格式设置与最终效果如图 4.1.12（b）所示。

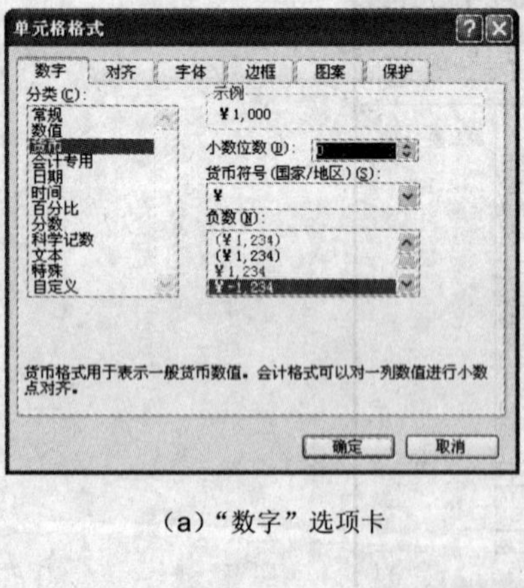

(a)“数字”选项卡

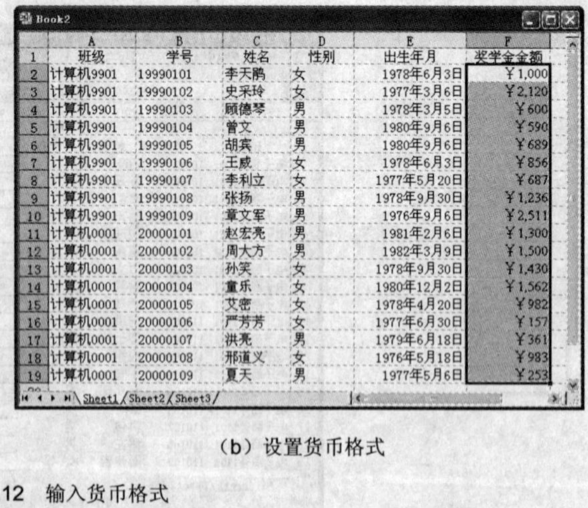

(b) 设置货币格式

图 4.1.12 输入货币格式

八、输入时间

（1）在“领取时间”一列中输入如图 4.1.13 所示的数据，输入时可以配合填充功能，这样更方便快捷。

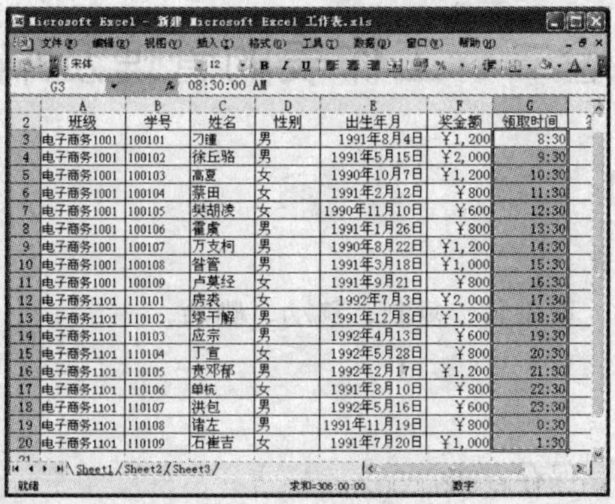

图 4.1.13　输入时间

（2）选择 G2:G19 单元格，执行“格式”→“单元格”命令，弹出“单元格格式”对话框，进入“数字”选项卡，在“分类”列表中选择“时间”选项，将“类型”设置为“1:30PM”，如图 4.1.14（a）所示。单击“确定”按钮，格式设置与最终效果如图 4.1.14（b）所示。

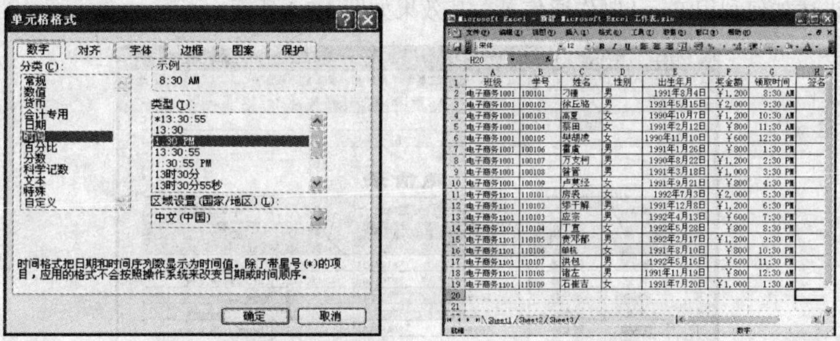

（a）“数字”选项卡　　　　（b）设置时间格式

图 4.1.14　设置时间格式

九、输入标题

在表头上方再插入一行，输入标题内容“奖学金发放表”，合并单元格并居中对齐，适当地调节单元格的高度，给表格加上线框，完成后的效果如图 4.1.15 所示。

图 4.1.15　添加表格标题

实验二 工作表的管理及编辑

【实验目的与要求】

（1）熟练工作表的格式化。

（2）掌握工作表的插入、重命名、复制、移动、删除。

（3）会插入及编辑批注。

（4）掌握自动筛选功能。

（5）掌握工作表的命名和保存方法。

（6）了解视图管理器。

（7）掌握工作表的页面设置和预览。

【实验内容与步骤】

本实例讲述如何利用 Excel 制作通信录，其效果如图 4.2.1 所示。

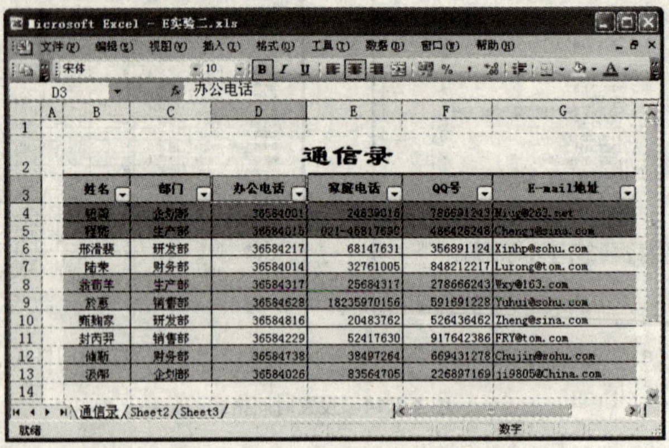

图 4.2.1 实例效果图

在通信录中记载了“姓名”“E-mail 地址”和“电话号码”等多种信息，由此可见表格的结构是由所要记载的信息决定的。

在建立表格之前，必须首先对表格有个整体的规划，才有利于后面的文本内容输入和单元格格式的设置。因此，在制作前必须明确目标，对将要设计的表格有个整体的轮廓，或者先在纸上画个草图，这样制作起来才会比较方便。

一、启动 Excel

用鼠标单击桌面底部左端的按钮，并在“所有程序”菜单中的“Microsoft Office”子菜单中单击“Microsoft Office Excel 2003”，以启动 Excel。

二、规划表格结构

由于要建立一个包含“姓名”“部门”“办公电话”“家庭电话”“QQ 号”和“E-mail 地址”等信息在内的通信录，所以在 Excel 中输入全部信息之前，需要对表格的信息加以规划。

（1）更改工作表的名称。将鼠标的指针移到 Sheet1 工作表的标签上，单击鼠标右键之后，在弹出的快捷菜单中单击“重命名”命令，然后输入新的名称（本例中命名为“E 实验二”）即可，如图 4.2.2 所示。

（2）输入表头。选中单元格 A1 后，输入文本内容“通信录”，并按 Enter 键结束。再在 A2:F2 单元格区域中分别输入“姓名”“部门”“办公电话”“家庭电话”“QQ 号”和“E-mail 地址”，如图 4.2.3 所示。

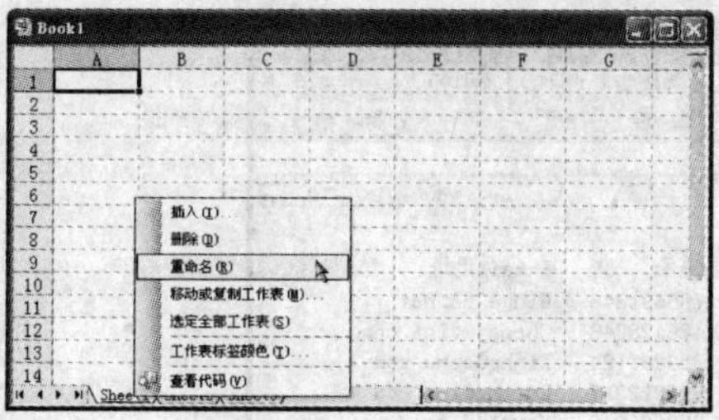

图 4.2.2 重命名工作表

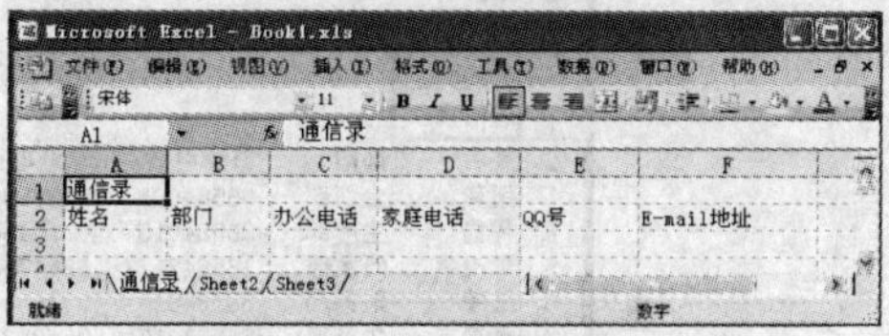

图 4.2.3 通信录的框架结构

三、输入通信录信息

在建立起通信录的整体框架之后，便要进行通信录信息的输入操作。

（1）输入联系人的姓名。

（2）输入联系人所在的部门。由于联系人所在的部门可能存在许多相同的情况，因此可以利用复制和粘贴的方法提高输入效率。例如在单元格 B3 中输入“企划部”之后，单击该单元格，然后按快捷键“Ctrl+C”对该单元格的内容进行复制，此时该单元格的边框将呈现循环转动的虚线框，接着单击单元格 B12，再按快捷键“Ctrl+V”，即可把单元格 B3 中的内容复制到单元格 B12 中。

输入完毕之后，可得到如图 4.2.4 所示的工作表。

（3）输入联系人的办公电话以及家庭电话。办公电话和家庭电话的输入格式取决于用户的个人喜好，在本例中，将联系人的固定电话按照“区号.电话号码”的格式（如钮龚的办公电话为 36584001）进行输入。

如果直接输入，Excel 将按照常规方式将其识别为数字而忽略掉第一位数字 0。为了避免这种问题的出现，选中“办公电话”和“家庭电话”两列中的固定电话（手机号码由于第一位非 0，输入时不存在上述问题）单元格，在“单元格格式”对话框中，单击“数字”选项卡，然后选择“分类”列表框中的“自定义”选项，在“类型”文本框中输入“0##########”（此处假定电话号码最长为 11 位），来表示电话号码的首位为 0，后面跟 10 位数字，如图 4.2.5 所示。单击“确定”按钮之后，再在所有单元格中输入相应固定电话号码的后 10 位即可。

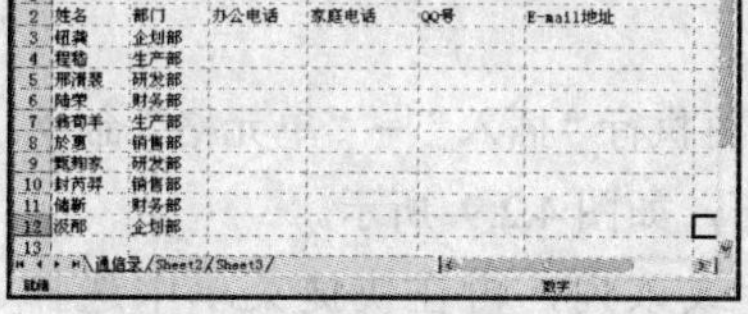

图 4.2.4 输入姓名和部门的信息

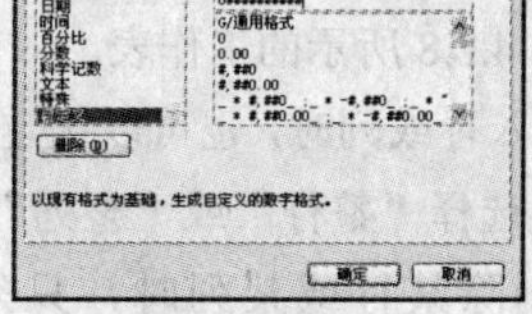

图 4.2.5 设置数字格式

（4）输入联系人的 QQ 号。

（5）输入联系人的 E-mail 地址。

输入 E-mail 地址之后，系统会自动添加链接（此时 E-mail 地址字体显示为蓝色，并加下画线）。如果单击 E-mail 地址的单元格，会启动电子邮件编辑器（如 Outlook），而且将自动填好邮件收件人的地址，这样便可以方便地发送电子邮件。

以上内容全部准确无误地输入完毕后，便得到如图 4.2.6 所示的工作表。

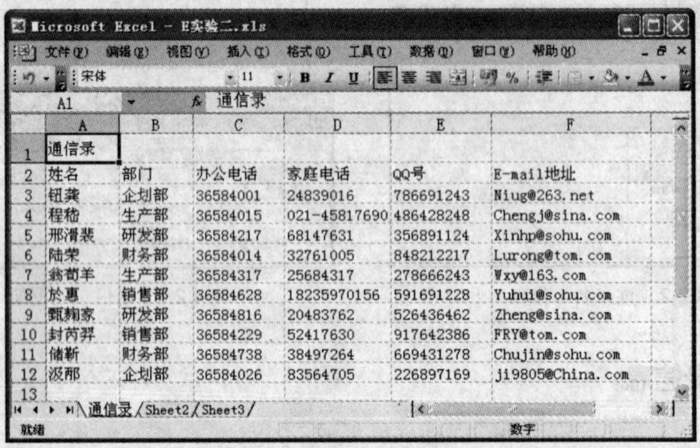

图 4.2.6 所有内容输入完毕之后的工作表

四、插入行或列

选中第 A 列，单击鼠标右键之后在弹出的快捷菜单中选择“插入”命令，如图 4.2.7 所示，即可在该列单元格的前面插入一整列。

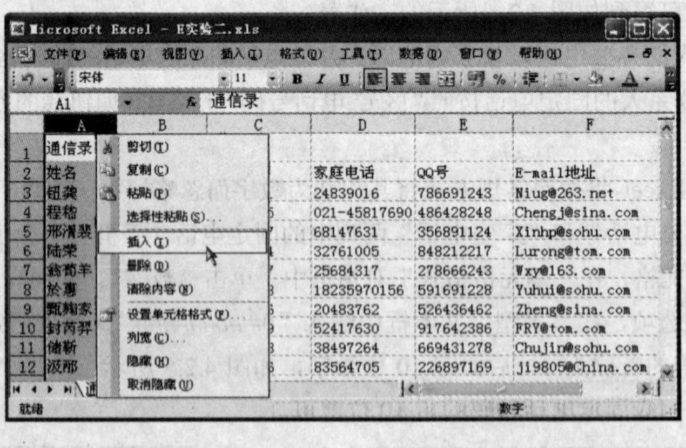

图 4.2.7 插入列

插入行的操作也是如此。本例中，选中第一行，重复上述操作，即可在第一行的上方插入一整行。此时得到如图 4.2.8 所示的工作表。

此外，插入行或列时，也可以选定某一单元格，再执行“插入”→“单元格”命令，在弹出的“插入”对话框中选择“整行”或“整列”单选按钮即可，如图 4.2.9 所示。

当需要删除某行或某列时，只须要选中该行或该列，再在快捷菜单中选择“删除”命令即可。

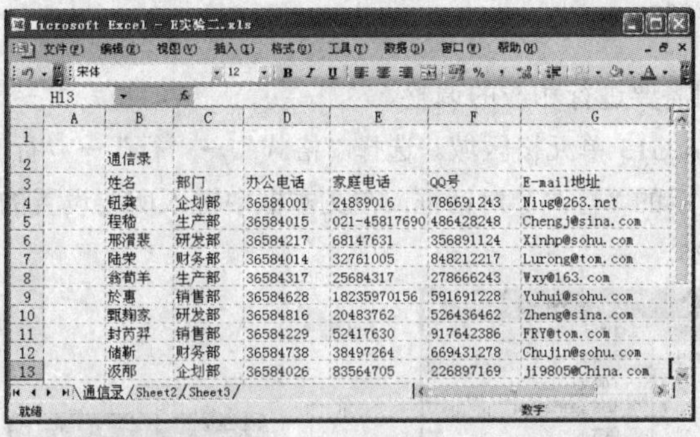

图 4.2.8 插入行和列

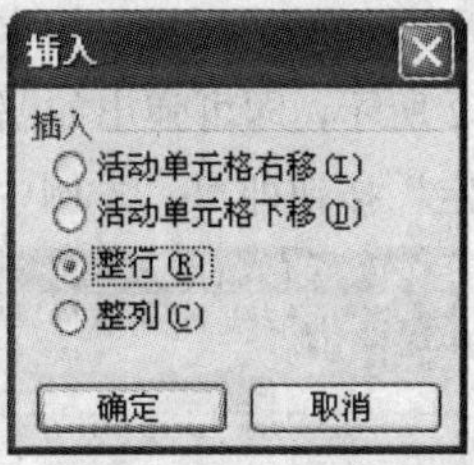

图 4.2.9 “插入”对话框

五、单元格格式设置

所有内容输入完毕后，最原始的“通信录”工作表基本制作完成，接下来对工作表进行美化，使它更美观一些。

1．合并相关的单元格

按照习惯，作为总表头的“通信录”应处于表格上方居中的位置，所以选中 B2:G2 单元格区域，然后执行“格式”→“单元格”命令，在弹出的“单元格格式”对话框中单击“对齐”选项卡，选中“合并单元格”复选框，然后单击“确定”按钮，如图 4.2.10 所示。

要在 Excel 中对单元格进行合并，除上述讲到的方法之外，还有两种方法可供选择。

方法 1：选中所要合并的单元格区域，然后单击鼠标右键，在弹出的快捷菜单中选择“设置单元格格式”命令，即可弹出“单元格格式”对话框，同上述方法进行设置。

方法 2：选中所要合并的单元格区域，然后单击“格式”工具栏中的“合并及居中”按钮，即可使所选区域合并，并可同时使区域内的文字居中。

2．文字居中处理

为了美观，要对单元格中的某些内容进行对齐处理。

首先，将需要进行文字居中处理的单元格区域选中，本例为 B2 及 B3:G3 单元格，然后单击“格式”工具栏中的“居中”按钮，即可使所选区域内的文字居中。

依照上述方法，对“姓名”和“部门”两项下面的内容信息做居中处理，对“办公电话”“家庭电话”“QQ 号”和“E-mail 地址”下面的内容做左对齐处理，之后得到如图 4.2.11 所示的工作表。

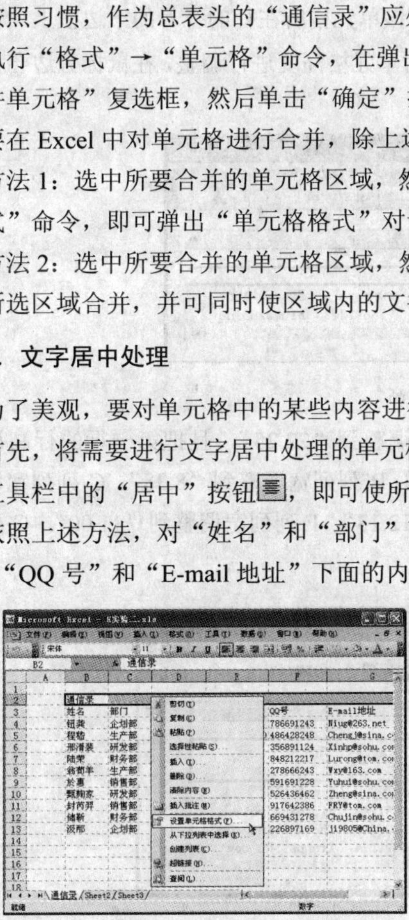

图 4.2.10 设置单元格格式

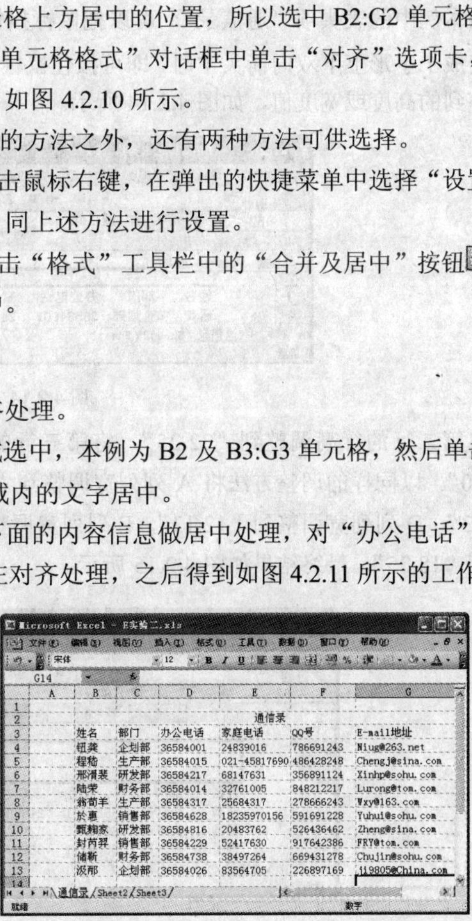

图 4.2.11 经过合并和对齐处理过的工作表

3．调整行高与列宽

如果单元格的行高或列宽不合适，则需要进行相应的调整。

选中所要调整的区域，如本例中的 B4:G13 单元格区域。选择“格式”→“行”→“行高”命令，如图 4.2.12 所示，即可弹出如图 4.2.13 所示的“行高”对话框。在文本框中键入所要设置的行高值后单击“确定”按钮即可，本例中输入 20.25。

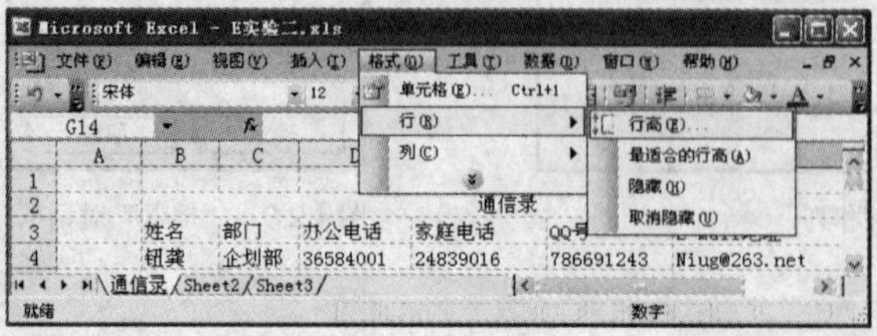

图 4.2.12　设置单元格行高

图 4.2.13　“行高”对话框

列宽的设置方法与行高的设置方法基本相同，只须执行“格式”→“列”→“列宽”命令，设置相应的列宽值即可。

但上述的行高与列宽的设置方法仅局限于单个单元格或一系列行高值或列宽值相同的单元格区域的情况，而更常用、更直观的方法是直接用鼠标拖动改变行高和列宽。

如本例中的表头项“通信录”，可以把鼠标指针放在该单元格所在行的行号的下边框上，当鼠标指针变成十字形上下双向箭头时，即可按住鼠标左键对单元格高度进行调整，在鼠标旁边会显示当前调整到的高度或宽度值，如图 4.2.14 所示。

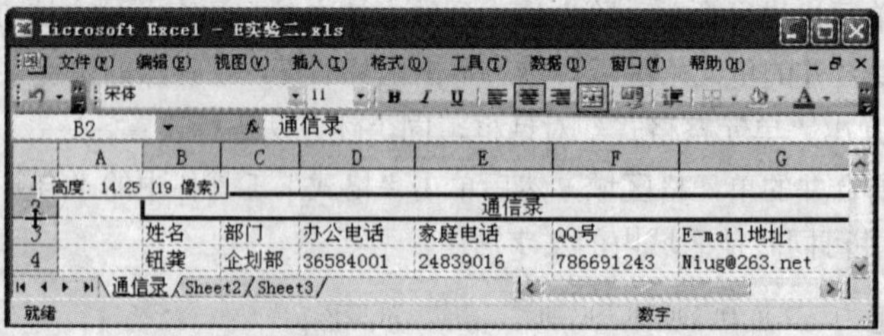

图 4.2.14　调整行高

将第二行的行高调整到“32.25”，将第三行的行高调整到“22.25”，且把第一行的行高调整到“12.00”。以同样的调整方法将 A 列列宽调整到“2.25”，B 列列宽调整到“8.38”，C 列列宽调整到“10.63”，D 列列宽调整到“12.13”，E 列列宽调整到“12.13”，F 列列宽调整到“11.00”，G 列列宽调整到“18.25”，最终结果如图 4.2.15 所示。

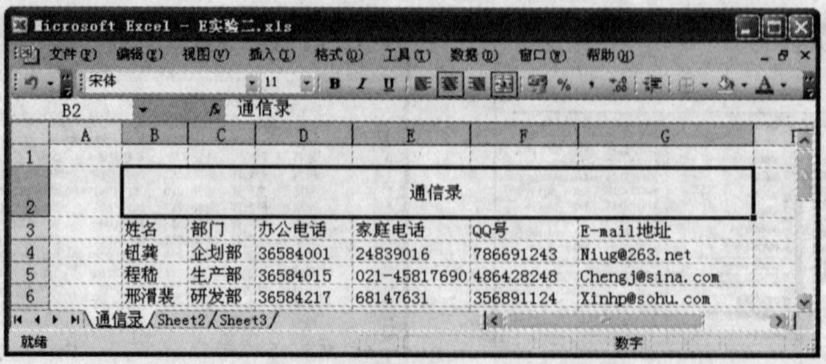

图 4.2.15　调整行高和列宽之后的工作表

4. 设置字体

为了使表头等项目显得更加醒目，可以对其字体及字号进行设置。

选中所要设置文字字体的单元格区域，如 B2 单元格“通信录”，然后单击“格式”工具栏中的“字体”及“字号”下拉列表宋体 12，并分别选择“篆书”和“24”，再单击“加粗”按钮，即可完成对该单元格的字体设置。

相应地，其他单元格内容的字体也可按照同样的方法进行设置。在本例中单元格区域 B3:G3 都采用了 10 号宋体字并加粗，但其他区域只采用了 10 号宋体字，没有加粗。

由于“E-mail 地址”项目中的内容有下画线（系统默认的链接格式），如果为了打印时效果更好些，可以对这些单元格区域进行如下处理：

选中单元格区域 G4:G13，单击“格式”工具栏中的“下画线”按钮，即可取消这些内容的下画线。

为了统一字体的颜色，需要把“E-mail 地址”项目中内容的颜色改回黑色。选中 G4:G13 单元格区域，然后单击“格式”工具栏中“字体颜色”按钮处的下拉箭头，再在颜色列表中选择“自动”按钮即可。

5. 设置单元格边框

给单元格设置边框可以使工作表更加美观。

选中要进行边框设置的单元格区域，如本例的单元格 B2（通信录），然后打开“单元格格式”对话框，选择“边框”选项卡，并选择“线条”→“样式”下右边的第五根粗线条，接着单击按钮，设置所选单元格的粗线条下边框，如图 4.2.16 所示。

其他单元格区域的边框也可按照此方法进行设置。本例中 B3:G13 单元格区域都应用了第七根细线条来设置下边框和内部边框。

6. 设置单元格背景颜色

对单元格的颜色进行设置，可以使不同性质、不同含义的数据之间的区别体现得更加明显，也可以使整个页面显得更加美观。

选中要进行背景颜色设置的单元格区域，如本例中的 B3:G3，再单击“格式”工具栏中的“填充颜色”按钮处的下拉箭头，并在颜色列表中选择“灰色-25%”按钮。

为其他区域填充颜色可类似进行。此例中对 B4:G5 单元格区域填充“橙色”，对 B6:G7、B10:G11 单元格区域填充“浅青绿”，对 B8:G9 和 B12:G13 区域填充“金色”。

至此，有关单元格的格式设置基本完毕。格式设置完成后的“通信录”工作表如图 4.2.17 所示。

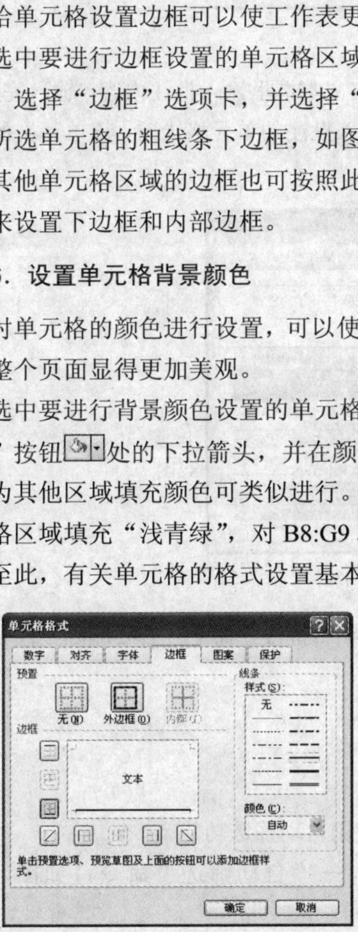

图 4.2.16　“单元格格式”对话框中的边框设置

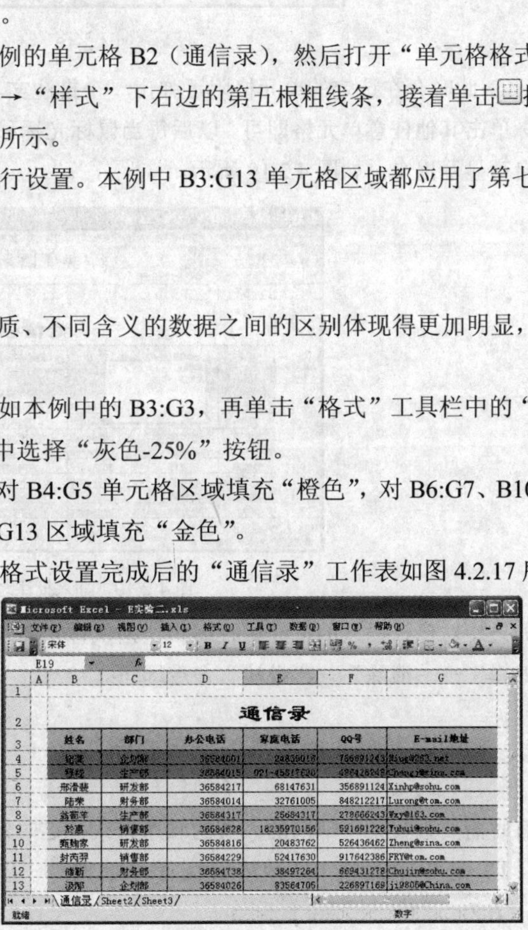

图 4.2.17　格式设置完成

六、插入和编辑批注

有时需要对某些内容添加一些备注信息，但如果将其单独添加在工作表中，可能会影响整体效果。在这种情况下，可以利用插入批注的方法来解决。比如在通信录中出现两个姓名相同的联系人时，就可以采用这种方法。

本例为了在工作表中反映联系人“钮龚”是同乡，所以需要加批注注明。

（1）首先选中需要加批注的单元格，然后执行“插入”→“批注”命令，如图 4.2.18 所示。

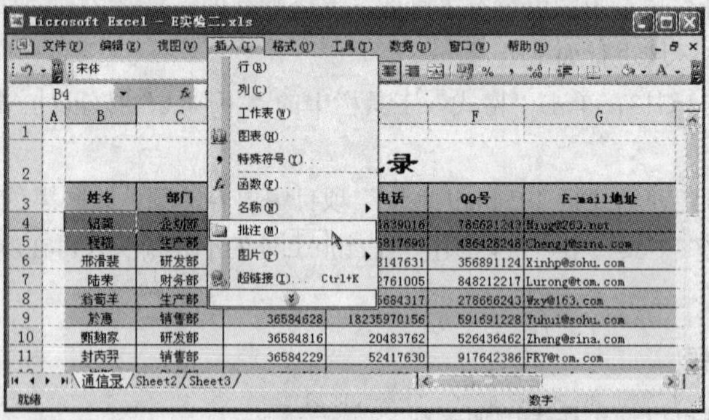

图 4.2.18　插入批注

（2）此时会在选定的单元格附近弹出一个批注文本框。在文本框里输入批注内容，输入完毕后，用鼠标单击其他任意单元格即可。以后每当鼠标光标移动到插入批注的单元格上时，该单元格的批注便会自动显示出来，如图 4.2.19 所示。

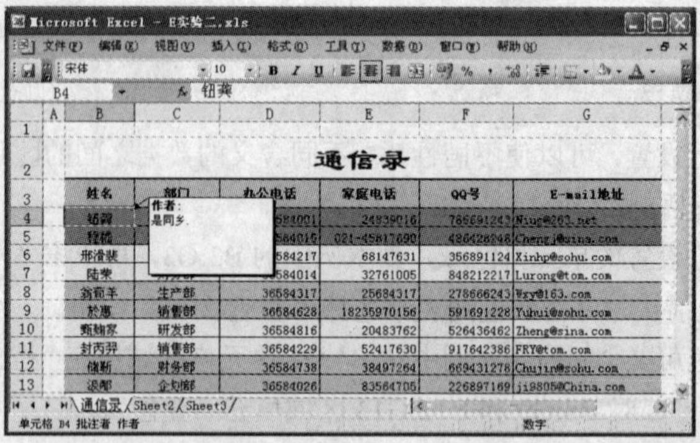

图 4.2.19　插入批注之后的工作表

如果想对已经插入的批注进行编辑，则执行“插入”→“编辑批注”命令。若要删除批注，则执行“编辑”→“清除”→“批注”命令即可。

七、利用自动筛选功能选择所需项目

有时需要查找某一部门的人员的联系方式，这时便可以使用自动筛选功能。

（1）选中单元格 B3，然后执行“数据”→“筛选”→“自动筛选”命令，如图 4.2.20 所示。

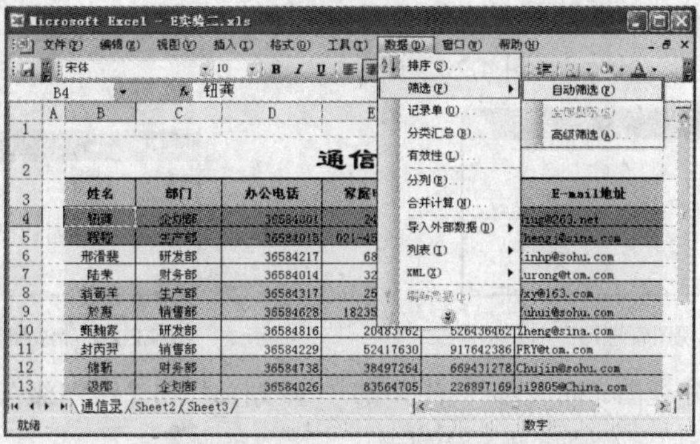

图 4.2.20 选择“自动筛选”命令

（2）此时会在第三行的 B3:G3 单元格区域中显示下拉箭头，如图 4.2.21 所示。单击 C3 单元格中的下拉箭头，选中“销售部”，如图 4.2.22 所示。

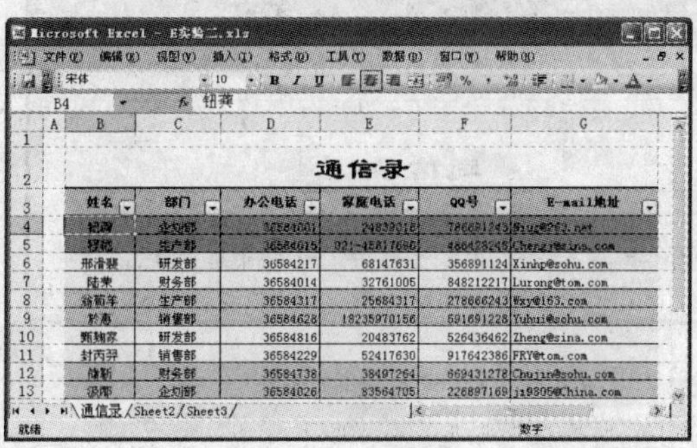

图 4.2.21 进行自动筛选之后的界面

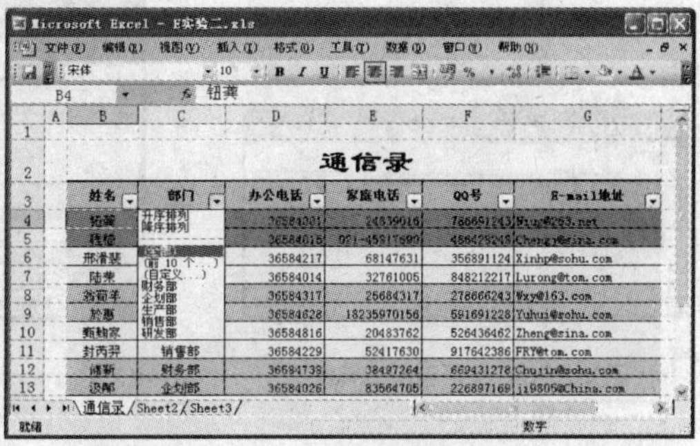

图 4.2.22 按“部门”中的项目进行筛选

此时便可以筛选出“销售部”人员的联系方式，结果如图 4.2.23 所示。

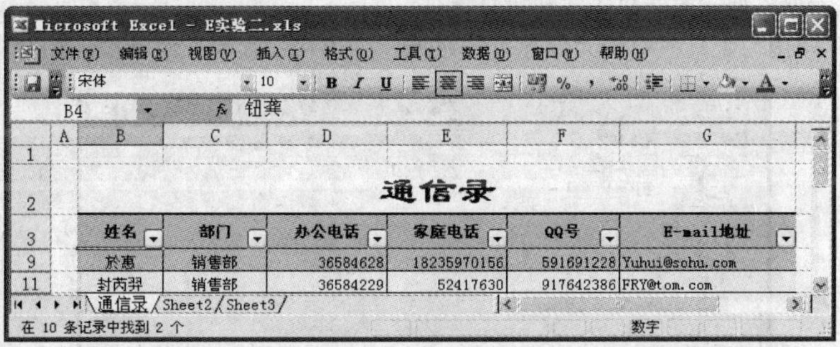

图 4.2.23 筛选出的“销售部”人员的联系方式

八、视图管理器

同一张工作表对于具有不同权限的人，有用的信息是不同的。为了保证一张工作表仅向有关人员提供有用信息，而将其他信息（这些信息可能涉及机密）隐藏，或者出于打印的目的，只希望打印出对自己有用的信息。这些问题都可以利用视图管理器来解决。

（1）要在当前工作表中进行格式设置和信息筛选，单击“视图”→“视图管理器”命令，此时弹出“视图管理器”对话框，如图 4.2.24 所示。

（2）单击“添加”按钮，在随后弹出的“添加视图”对话框的“名称”文本编辑框中输入新视图的名称，再单击“确定”按钮，如图 4.2.25 所示。

图 4.2.24 “视图管理器”对话框

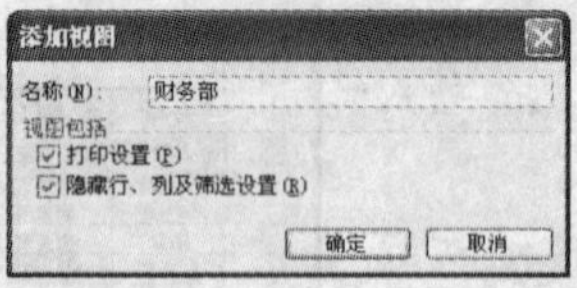

图 4.2.25 “添加视图”对话框

（3）按照此方法创建视图“研发部”“生产部”“企划部”和“销售部”，分别表示研发部人员列表、生产部人员列表、企划部及销售部人员列表。

（4）执行“视图”→“视图管理器”命令，再在“视图管理器”对话框中选择所要显示的视图名，如图 4.2.26 所示，然后单击“显示”按钮，工作表即可转到相应的视图，如图 4.2.27 所示。

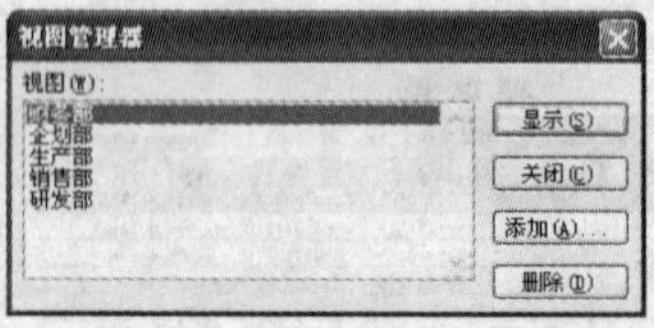

图 4.2.26 显示相应的视图

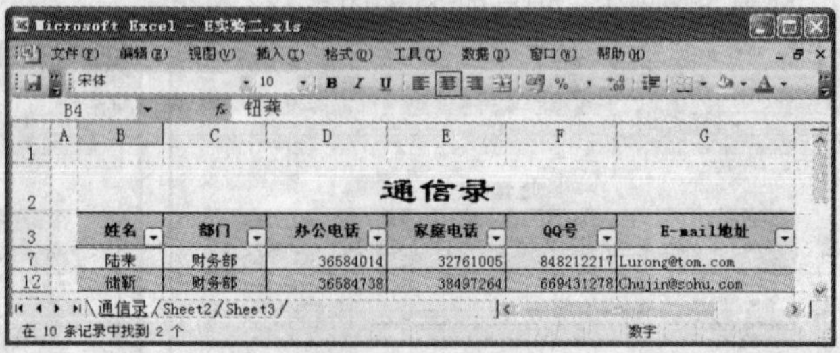

图 4.2.27 显示“财务部”视图

九、保存 Excel 工作簿

工作表制作完成之后，需要对工作簿进行保存。

（1）单击“常用”工具栏中的“保存”按钮，弹出“另存为”对话框，如图 4.2.28 所示。

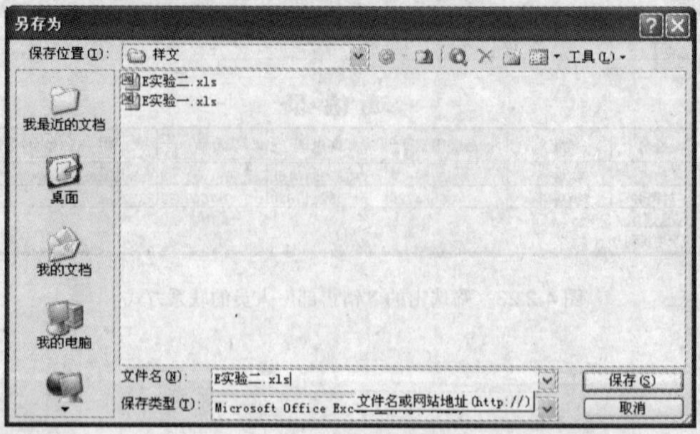

图 4.2.28 “另存为”对话框

（2）在“文件名”文本框中输入所要保存的文件名称，并选择适当的保存位置（一般默认为“我的文档”），然后单击“保存”按钮即可。

对于本例，可以将制作好的工作簿命名为“E 实验二”，并保存在“我的文档”中，如图 4.2.29 所示。

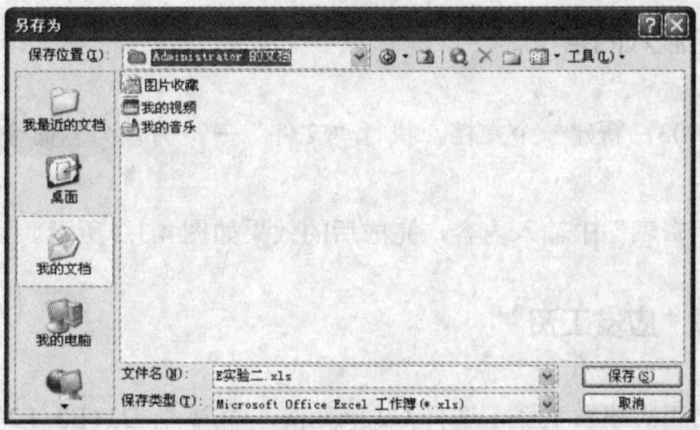

图 4.2.29　将工作簿命名为"E 实验二"

至此，"通信录"工作簿制作的全过程就结束了。

实验三　基本公式和函数的应用

【实验目的与要求】

（1）正确地在 Excel 2003 中输入数据，掌握工作表中公式和函数引用的方法。

（2）掌握公式的应用。

（3）掌握工作表中条件函数引用的方法。

（4）掌握常用的数据管理方法。

（5）掌握图表创建的方法，理解图表与工作表数据之间的关系。

【实验内容与步骤】

本实验学习公式和函数的应用，实例效果如图 4.3.1 所示。

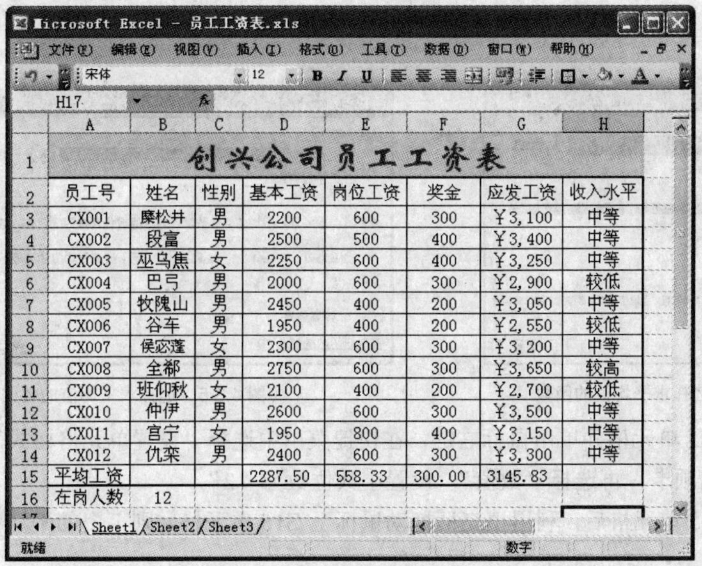

	A	B	C	D	E	F	G	H
1	创兴公司员工工资表							
2	员工号	姓名	性别	基本工资	岗位工资	奖金	应发工资	收入水平
3	CX001	糜松井	男	2200	600	300	￥3,100	中等
4	CX002	段富	男	2500	500	400	￥3,400	中等
5	CX003	巫乌焦	女	2250	600	400	￥3,250	中等
6	CX004	巴弓	男	2000	600	300	￥2,900	较低
7	CX005	牧隗山	男	2450	400	200	￥3,050	中等
8	CX006	谷车	男	1950	400	200	￥2,550	较低
9	CX007	侯宓蓬	女	2300	600	300	￥3,200	中等
10	CX008	全郗	男	2750	600	300	￥3,650	较高
11	CX009	班仰秋	女	2100	400	200	￥2,700	较低
12	CX010	仲伊	男	2600	600	300	￥3,500	中等
13	CX011	宫宁	女	1950	800	400	￥3,150	中等
14	CX012	仇栾	男	2400	600	300	￥3,300	中等
15	平均工资			2287.50	558.33	300.00	3145.83	
16	在岗人数	12						

图 4.3.1　创兴公司员工工资表

一、创建新文档并输入内容

（1）打开 Excel 2003，新建一个文档，执行“文件”→“另存为”命令，将该文档保存为“员工工资表”。

（2）在该“员工工资表”中输入内容，完成后的效果如图 4.3.2 所示。

二、输入公式计算“应发工资”

（1）下面先计算员工的应发工资，选择 G2 单元格，输入“=D2+E2+F2”后按回车键。

（2）利用填充柄拖动鼠标至 G14 单元格，则应发工资计算完成，如图 4.3.3 所示。

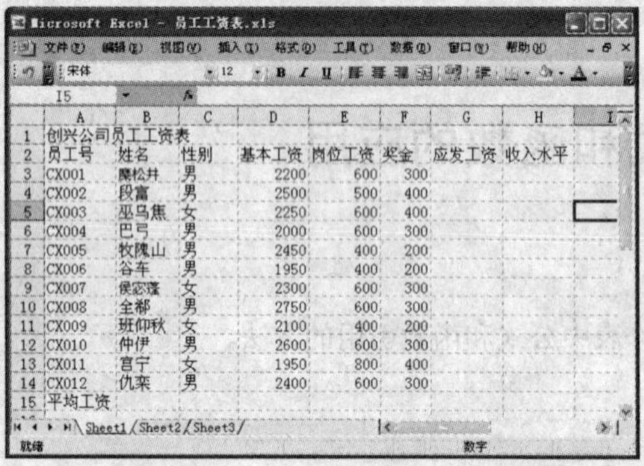

图 4.3.2 工资表

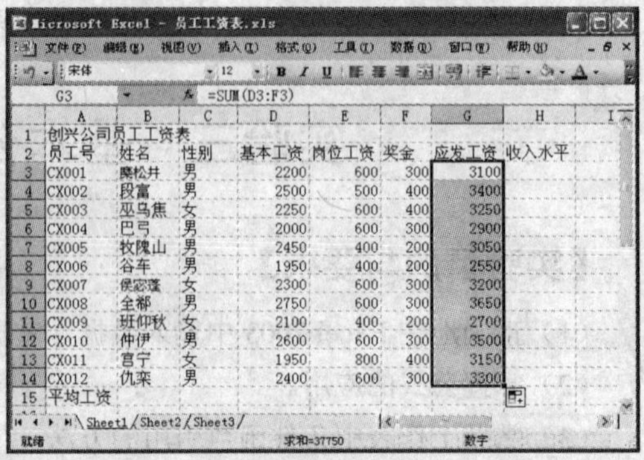

图 4.3.3 计算应发工资

三、使用“AVERAGE”函数

（1）选中 D15 单元格，执行“插入”→“函数”命令，在如图 4.3.4 所示的对话框中选择“AVERAGE”函数，然后单击“确定”按钮，在“函数参数”对话框中输入“D2:D14”，如图 4.3.5 所示，最后单击“确定”按钮。

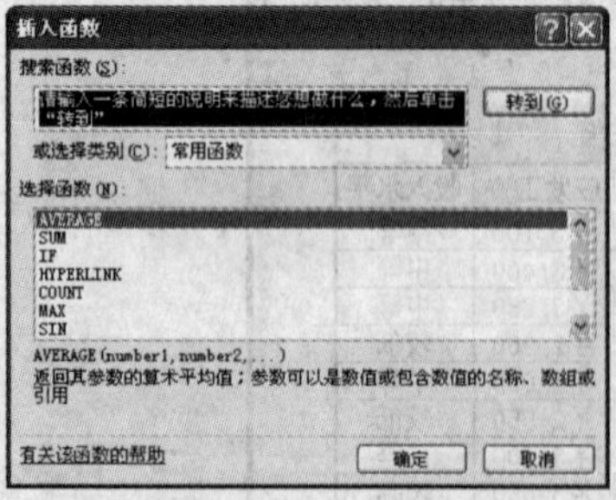

图 4.3.4 选择求平均值的函数

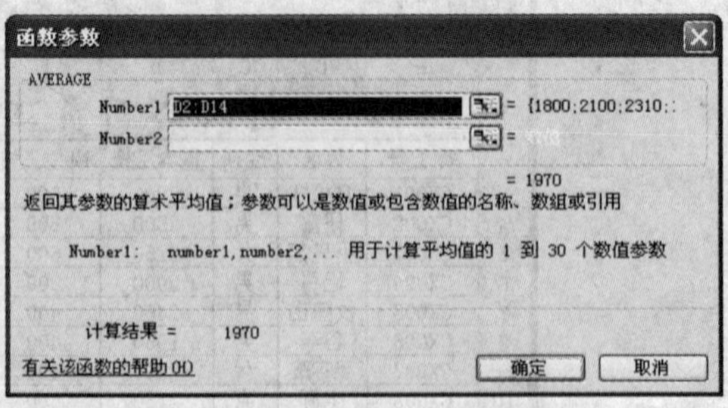

图 4.3.5 选择求平均值的范围

（2）选中 D15 单元格并单击鼠标右键，在快捷菜单中选择“设置单元格格式”命令，在对话框中选择“数字”选项卡，再选择“数值”，设置小数位数为“2”。

（3）选中 D15 单元格后，利用填充柄拖动鼠标至 G15 单元格，则工资的平均值计算完成，如图 4.3.6 所示。

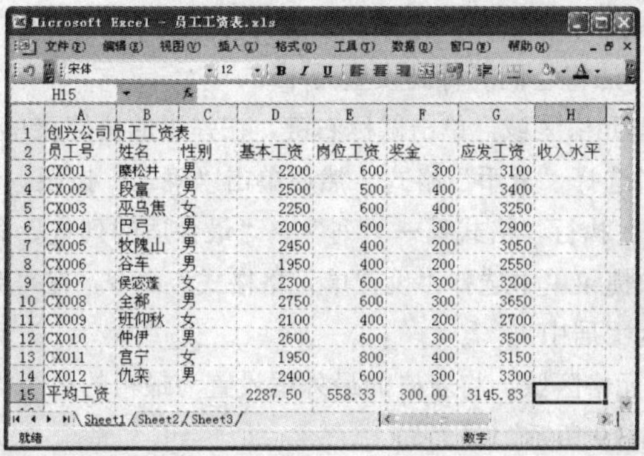

图 4.3.6　计算平均工资

四、使用“IF”函数

（1）下面根据员工的收入得到收入水平，等级标准如下：大于 3500 为较高，3000～3499 为中等，2999 以下为较低。在单元格 H3 中输入“=IF(G3>3500,"较高",IF(G3>3000,"中等","较低"))”，然后按回车键。

（2）选中 H3 单元格后，利用填充柄拖动鼠标至 H14，完成等级的显示，如图 4.3.7 所示。

五、使用“COUNT”函数

（1）在 A16 单元格输入“在岗人数”。

（2）在单元格 B16 中输入“=COUNT(D3:D14)”，然后按回车键，便得到在岗人数为 12 人，如图 4.3.8 所示。

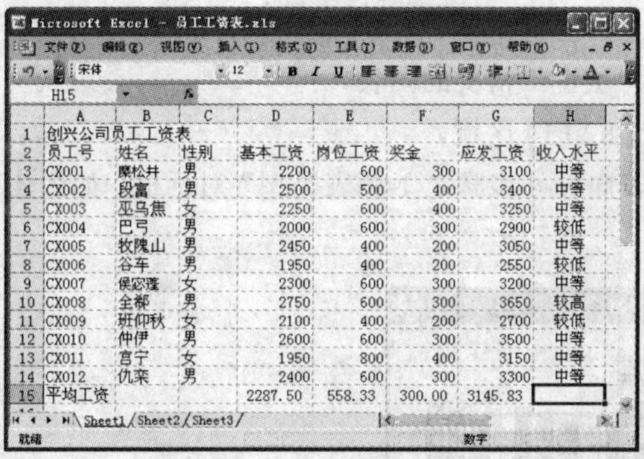

图 4.3.7　显示收入水平

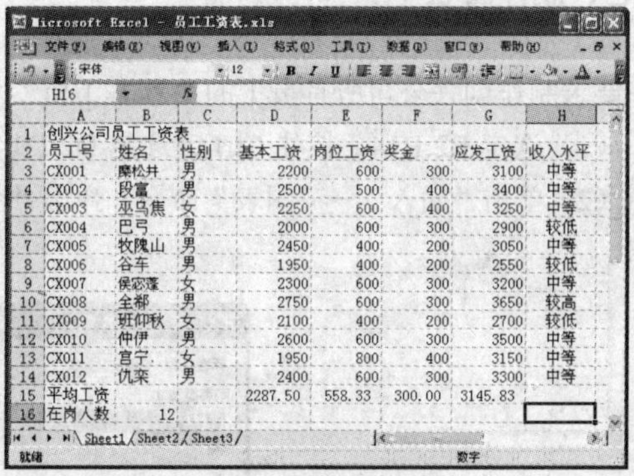

图 4.3.8　显示在岗人数

六、设置表格样式

（1）设置表格样式。在行号为 1 的上面再插入一行，在 A1 单元格中输入标题“员工工资表”，然后在“格式”工具栏中选择华文新魏、粗体、24 号、绿色。

（2）选中 A1:H1 范围内的单元格，单击“合并及居中”按钮，然后在合并后的单元格上单击鼠标右键，在“图案”选项卡中，选择茶色为单元格背景。

（3）在行号 2 上单击鼠标右键，在快捷菜单中选择“行高”命令，输入 20，然后单击确定按钮。选中行号 3~16，用同样的方法将它们的行高设置为 15。

（4）选中 G3:G16 的单元格区域，单击鼠标右键，在弹出的快捷菜单中选择“设置单元格格式”命令，在“数字”选项卡中选择“货币”格式，然后单击“确定”按钮。

（5）选中列标 A 到 H，执行“格式”→“列”→“最合适的列宽”命令。然后在选中的范围内单击鼠标右键，在弹出的快捷菜单中选择“设置单元格格式”命令，在“对齐”选项卡中将“水平对齐”和“垂直对齐”设置为“居中”。

（6）选择 A2:H15 单元格区域，将表格的最外框设置为最粗的单线样式，将内部边框设置为最细单线，得到的效果如图 4.3.9 所示。

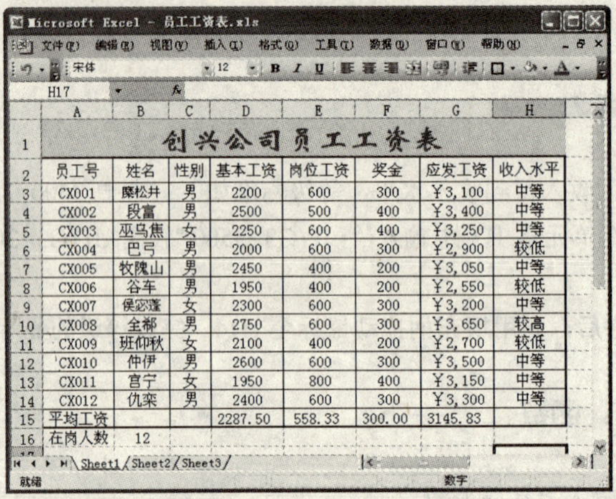

图 4.3.9　完成后的员工工资表

七、制作图表

要求制作创兴公司所有员工的“基本工资”和“奖金”情况的图表。

（1）选定 B2:B14，按住 Ctrl 键选定 D2:D14 及 F2:F14 区域。

（2）单击“插入”→“图表”命令，弹出“图表向导-4 步骤之 1-图表类型”对话框，如图 4.3.10 所示。

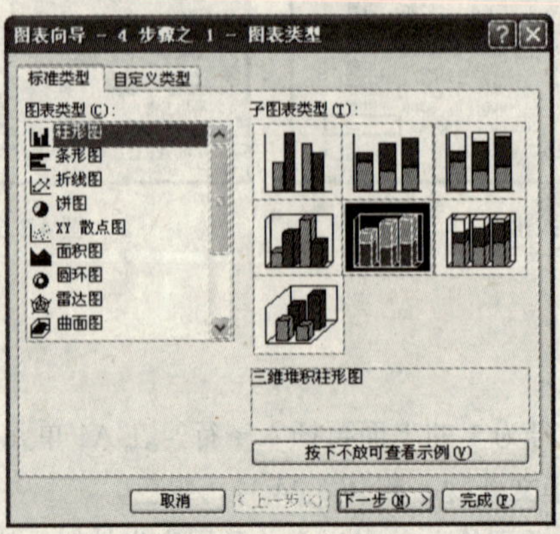

图 4.3.10　“图表向导-4 步骤之 1-图表类型”对话框

（3）在“标准类型”选项卡的“图表类型”列表框中选择“柱形图”，在“子图表类型”中选择“三维堆积柱形图”，单击“下一步”按钮。

（4）弹出如图 4.3.11 所示的“图表向导-4 步骤之 2-图表数据源”对话框，设置对应的数据区域，系列产生在“列”，单击“下一步”按钮。

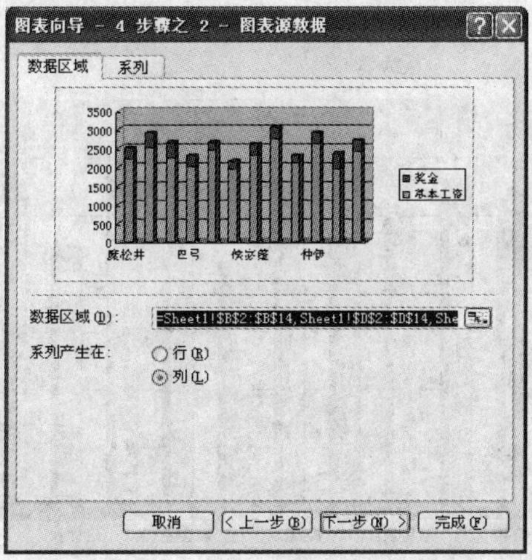

图 4.3.11　“图表向导-4 步骤之 2-图表数据源”对话框

（5）弹出“图表向导-4 步骤之 3-图表选项”对话框，单击“标题”选项卡，图表标题为“员工‘基本工资’和‘奖金’情况”，分类（X）轴为“姓名”，数值（Z）轴为“‘基本工资’和‘奖金’”，如图 4.3.12 所示，单击“下一步”按钮。

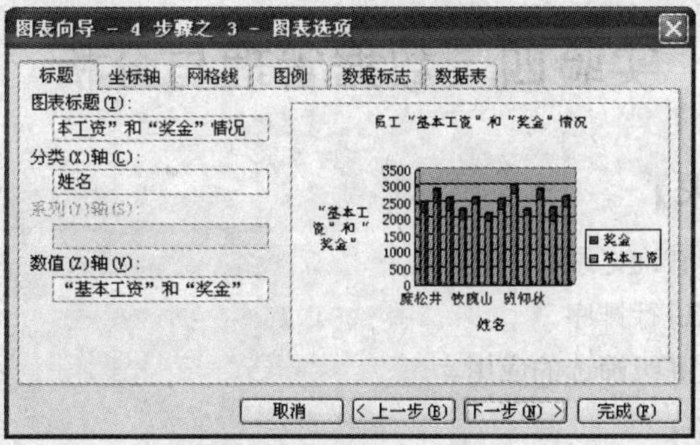

图 4.3.12　“图表向导-4 步骤之 3-图表选项”对话框

（6）弹出“图表向导-4 步骤之 4-图表位置”对话框，选择“作为新工作表插入“，工作表名为 Chart1，如图 4.3.13 所示，单击“完成”按钮。

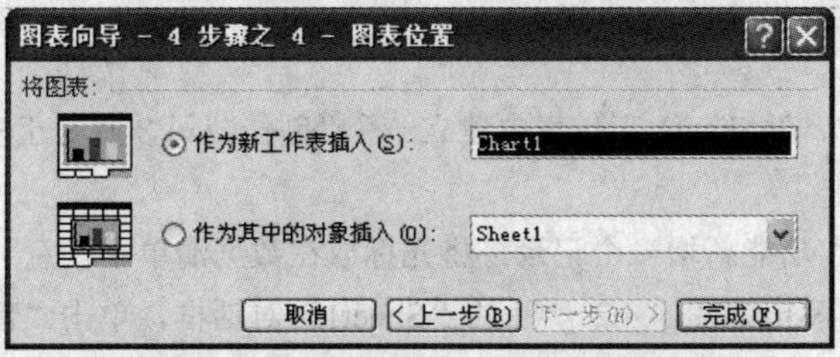

图 4.3.13　“图表向导-4 步骤之 4-图表位置”对话框

（7）如果要修改“员工‘基本工资’和‘奖金’情况”表中的收入数据，在图表中的显示也相应改变。完成后的效果如图 4.3.14 所示。

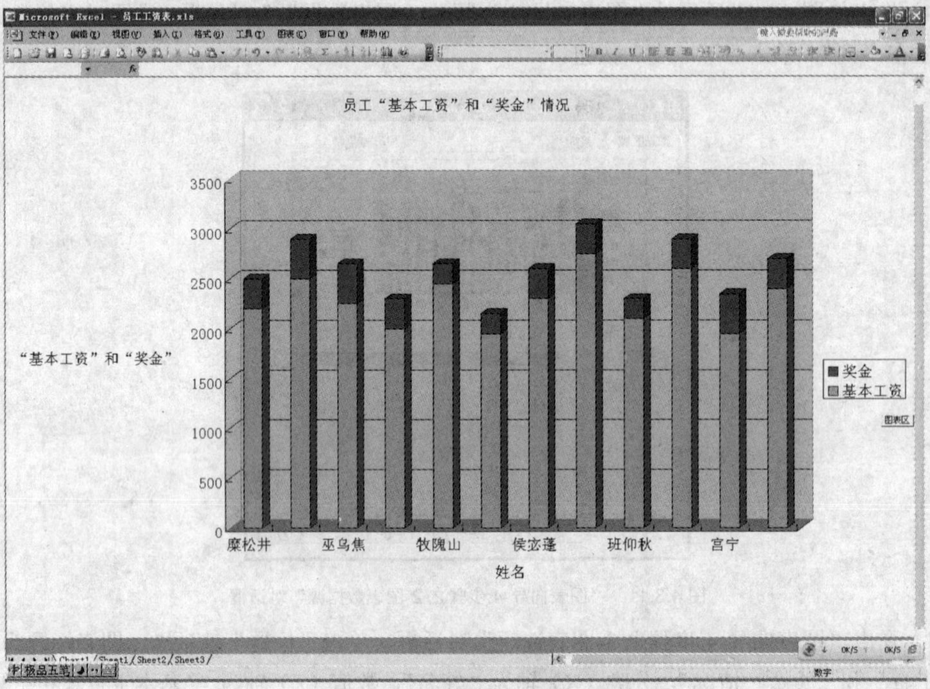

图 4.3.14 完成后的效果图

实验四 数据管理与分析

【实验目的与要求】

（1）熟练掌握新增、查询记录。

（2）熟练掌握对数据进行排序。

（3）理解自动筛选及高级筛选的应用。

（4）会数据分类汇总。

（5）会合并计算。

【实验内容与步骤】

一、新增及查询记录

（1）打开 Excel 2003，在 Sheet1 工作表中建立一个“创佳公司 8 月份工资表”的表格，如图 4.4.1 所示。

（2）使用“记录单”功能新增一个记录。将光标放在数据清单中任意一个单元格内，执行“数据”→“记录单”命令，弹出如图 4.4.2 所示的“Sheet1”对话框，单击“新建”按钮，然后在左侧输入对应的信息，然后单击“关闭”按钮，即可看到新增了一个记录，如图 4.4.3 所示。

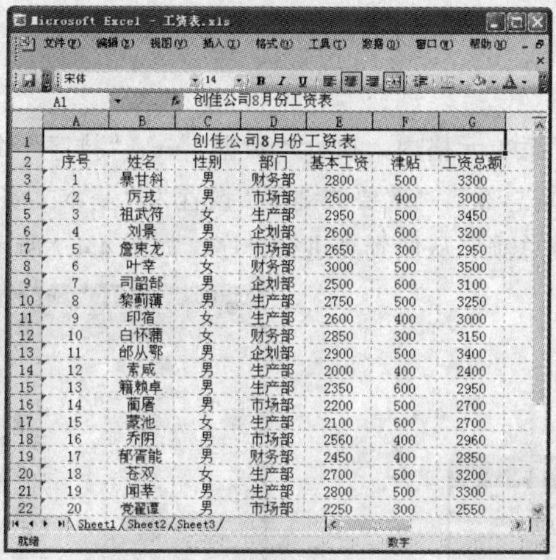

图 4.4.1　输入表格内容

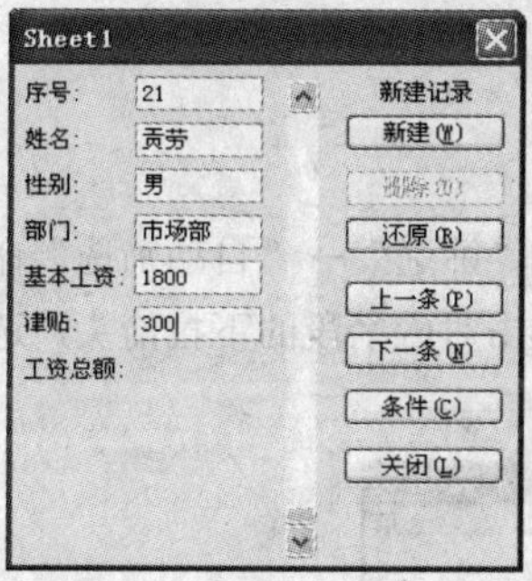

图 4.4.2　“Sheet1”对话框

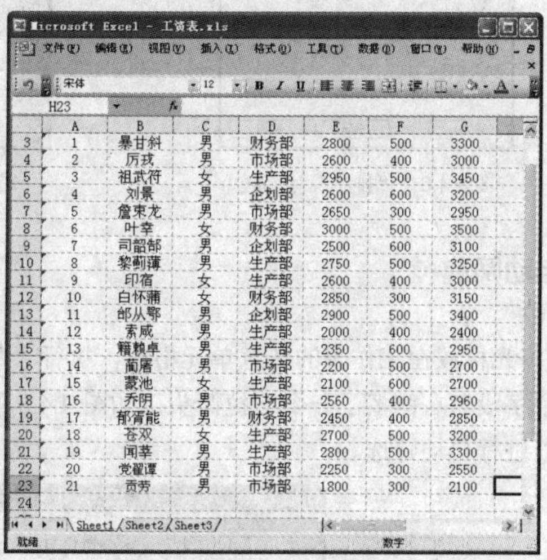

图 4.4.3　新增记录后的效果

（3）接着使用“记录单”功能查询满足条件的记录。将光标放在数据清单中任意一个单元格内，执行“数据”→“记录单”命令，弹出“Sheet1”对话框，单击“条件”按钮，然后在“部门”右侧文本框中输入“生产部”，在“基本工资”右侧的文本框中输入“>2750”，如图 4.4.4 所示，然后单击“上一条”和“下一条”按钮，即可看到在销售部并且基本工资在 2750 元以上的记录，满足条件的记录有两项，如图 4.4.5 所示。

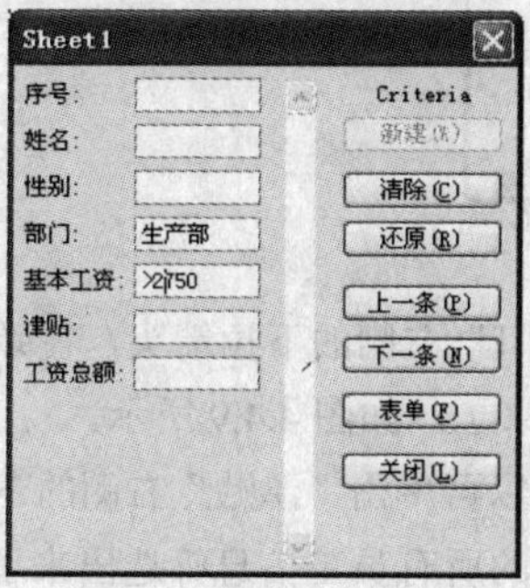

图 4.4.4　输入查询条件

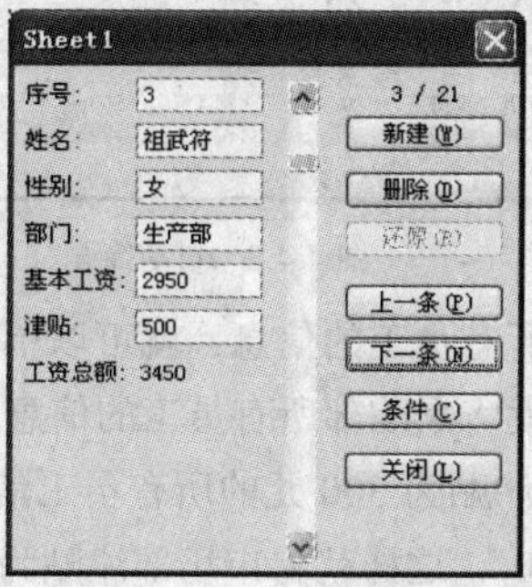

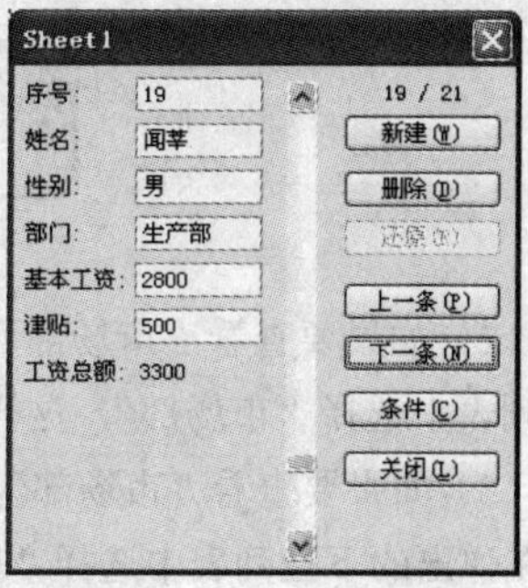

图 4.4.5　满足条件的记录

二、对数据进行排序

将光标定位在工作表的任意单元格内，执行“数据”→“排序”命令，弹出“排序”对话框，将“主要关键字”设置为“工资总额”，“次要关键字”设置为“基本工资”，如图 4.4.6 所示，单击“确定”按钮后，即可看到“工资总额”从低到高进行排序，如图 4.4.7 所示。

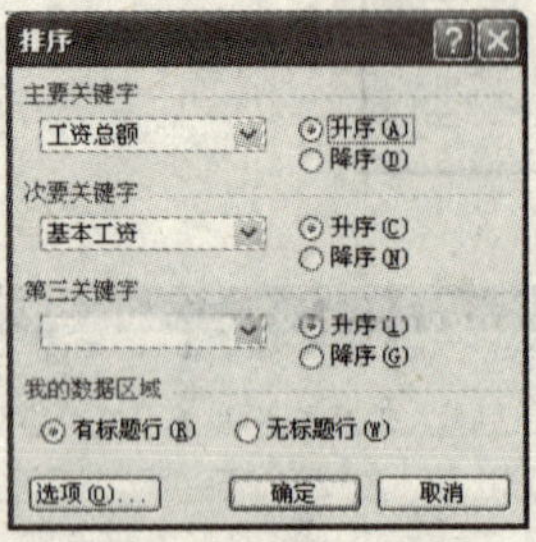

图 4.4.6 “排序”对话框

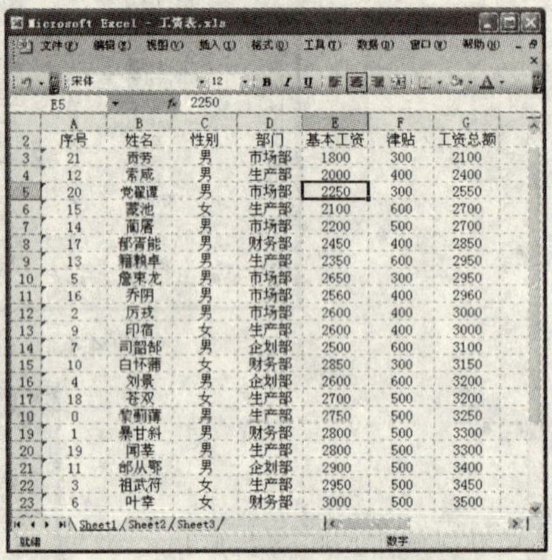

	A	B	C	D	E	F	G
2	序号	姓名	性别	部门	基本工资	津贴	工资总额
3	21	贡劳	男	市场部	1800	300	2100
4	12	索威	男	生产部	2000	400	2400
5	20	党翟谭	男	市场部	2250	300	2550
6	15	蒙池	女	生产部	2100	600	2700
7	14	蔺屠	男	市场部	2200	500	2700
8	17	郁胥能	男	财务部	2450	400	2850
9	13	籍赖卓	男	生产部	2350	600	2950
10	5	詹束龙	男	市场部	2650	300	2950
11	16	乔阴	男	市场部	2560	400	2960
12	2	厉戎	男	市场部	2600	400	3000
13	9	印宿	女	生产部	2600	400	3000
14	7	司韶部	男	企划部	2500	600	3100
15	10	白怀蒲	女	财务部	2850	300	3150
16	4	刘景	男	企划部	2600	600	3200
17	18	苍双	女	生产部	2700	500	3200
10	0	黎蓟蒲	男	生产部	2750	500	3250
19	1	暴甘斜	男	财务部	2800	500	3300
20	19	闻莘	男	生产部	2800	500	3300
21	11	郜从鄂	男	企划部	2900	500	3400
22	3	祖武符	女	生产部	2950	500	3450
23	6	叶幸	女	财务部	3000	500	3500

图 4.4.7 “工资总额”排序后的效果

三、自动筛选

（1）将光标放在工作表的任意单元格内，执行“数据”→“筛选”→“自动筛选”命令，这时会发现每个字段名右侧多了一个下拉箭头，如图 4.4.8 所示。单击对应字段的下拉箭头，选择需要的选项就可以进行自动筛选。

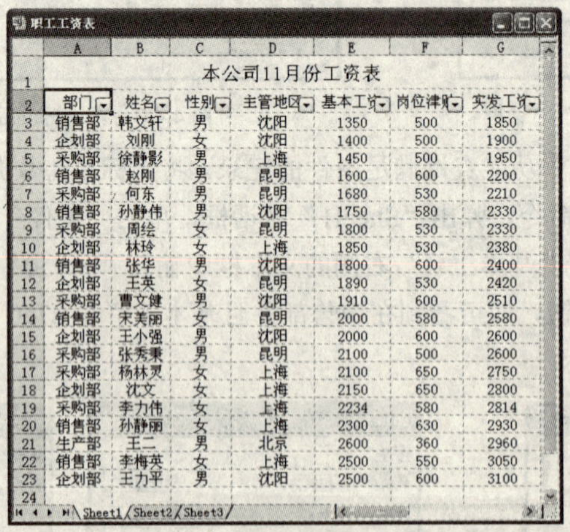

	A	B	C	D	E	F	G
1	本公司11月份工资表						
2	部门	姓名	性别	主管地区	基本工资	岗位津贴	实发工资
3	销售部	韩文轩	男	沈阳	1350	500	1850
4	企划部	刘刚	女	沈阳	1400	500	1900
5	采购部	徐静影	男	上海	1450	500	1950
6	销售部	赵刚	男	昆明	1600	600	2200
7	采购部	何东	男	昆明	1680	530	2210
8	销售部	孙静伟	男	沈阳	1750	580	2330
9	采购部	周绘	女	昆明	1800	530	2330
10	企划部	林玲	女	上海	1850	530	2380
11	销售部	张华	男	沈阳	1800	600	2400
12	企划部	王英	女	昆明	1890	530	2420
13	采购部	曹文健	男	沈阳	1910	600	2510
14	销售部	宋美丽	女	昆明	2000	580	2580
15	企划部	王小强	男	沈阳	2000	600	2600
16	采购部	张秀秉	男	昆明	2100	500	2600
17	采购部	杨林灵	女	上海	2100	650	2750
18	企划部	沈文	女	上海	2150	650	2800
19	采购部	李力伟	女	上海	2234	580	2814
20	销售部	孙静丽	女	上海	2300	630	2930
21	生产部	王二	男	北京	2600	360	2960
22	销售部	李梅英	女	上海	2500	550	3050
23	企划部	王力平	男	沈阳	2500	600	3100
24							

图 4.4.8 自动筛选

（2）如果要查看“市场部”所有员工的信息，就可以单击“部门”右侧的下拉箭头，在弹出的下拉列表中选择“市场部”，这样就将采购部所有员工的信息筛选出来了，如图 4.4.9 所示。

（3）如果要查看“市场部”，津贴为 300 元的所有员工信息，可以再单击“津贴”右侧的下拉箭头，在弹出的下拉列表中选择“300”，这样就将市场部津贴为 300 元的所有员工信息筛选出来了，如图 4.4.10 所示。

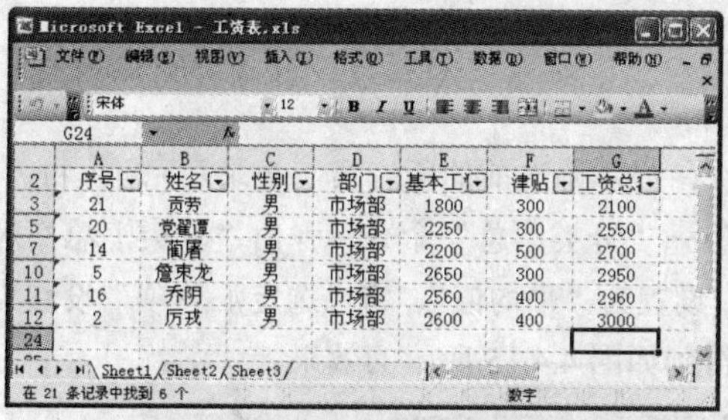

	序号	姓名	性别	部门	基本工资	津贴	工资总额
3	21	贡劳	男	市场部	1800	300	2100
5	20	党翟谭	男	市场部	2250	300	2550
7	14	蔺屠	男	市场部	2200	500	2700
10	5	詹东龙	男	市场部	2650	300	2950
11	16	乔阴	男	市场部	2560	400	2960
12	2	厉戎	男	市场部	2600	400	3000

图 4.4.9 筛选市场部所有员工

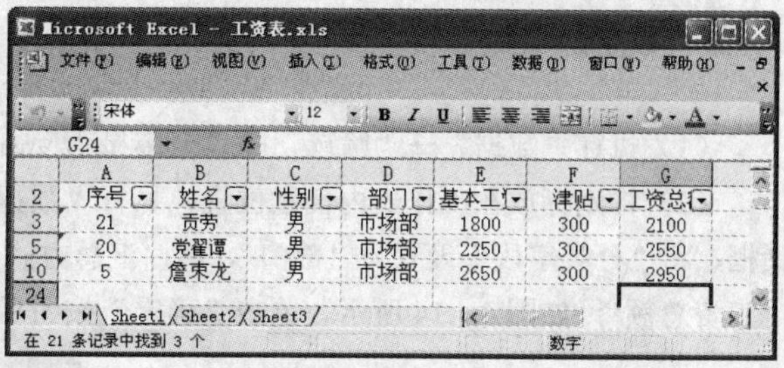

	序号	姓名	性别	部门	基本工资	津贴	工资总额
3	21	贡劳	男	市场部	1800	300	2100
5	20	党翟谭	男	市场部	2250	300	2550
10	5	詹东龙	男	市场部	2650	300	2950

图 4.4.10 筛选岗位津贴为 300 元的市场部员工

四、高级筛选

这次要求将“生产部”基本工资在 2700 元及 2700 元以上的员工筛选出来。

（1）执行“数据”→“筛选”→“自动筛选”命令，撤销上一步的自动筛选，还原到自动筛选前的状态，在空白位置输入筛选条件，如图 4.4.11 所示。

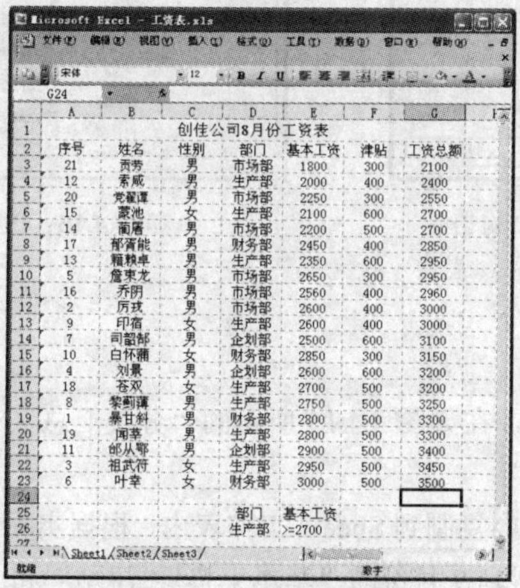

创佳公司8月份工资表

	序号	姓名	性别	部门	基本工资	津贴	工资总额
3	21	贡劳	男	市场部	1800	300	2100
4	12	索威	男	生产部	2000	400	2400
5	20	党翟谭	男	市场部	2250	300	2550
6	15	蒙池	女	生产部	2100	600	2700
7	14	蔺屠	男	市场部	2200	500	2700
8	17	郁胥能	男	财务部	2450	400	2850
9	13	籍粮卓	男	生产部	2350	600	2950
10	5	詹东龙	男	市场部	2650	300	2950
11	16	乔阴	男	市场部	2560	400	2960
12	2	厉戎	男	市场部	2600	400	3000
13	9	印宿	女	生产部	2600	400	3000
14	7	司韶郜	男	企划部	2500	600	3100
15	10	白怀蒲	女	财务部	2850	300	3150
16	4	刘景	男	企划部	2600	600	3200
17	18	苍双	女	生产部	2700	500	3200
18	8	黎蓟蒲	男	生产部	2750	500	3250
19	1	暴甘斜	男	财务部	2800	500	3300
20	19	闻莘	男	生产部	2800	500	3300
21	11	邰从鄂	男	企划部	2900	500	3400
22	3	祖武符	女	生产部	2950	500	3450
23	6	叶幸	女	财务部	3000	500	3500
25				部门	基本工资		
26				生产部	>=2700		

图 4.4.11 输入筛选条件

（2）将光标放在工作表中任意单元格内，执行“数据”→“筛选”→“高级筛选”命令，弹出“高级筛选”对话框，“方式”保持默认值，即将筛选结果显示在原工作表位置，将“列表区域”设置为“$A$2:$G$23”，将“条件区域”设置为“$D$25:$E$26”，如图 4.4.12 所示。最后单击“确定”按钮，即可看到筛选后的结果，如图 4.4.13 所示。

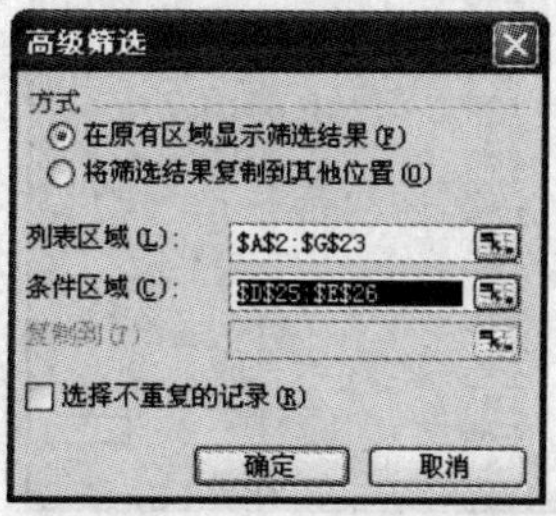

图 4.4.12 “高级筛选”对话框

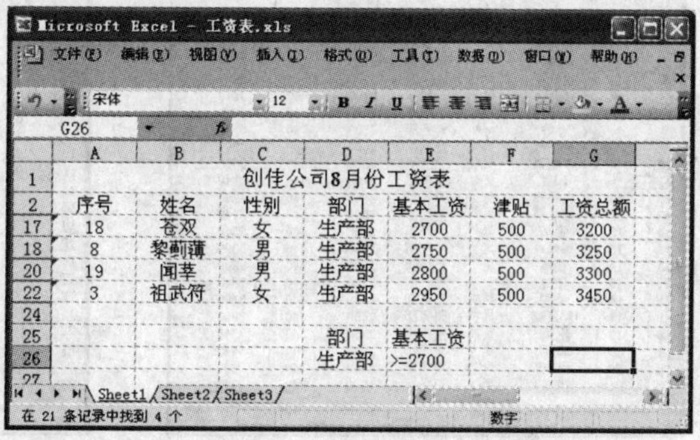

创佳公司8月份工资表

	序号	姓名	性别	部门	基本工资	津贴	工资总额
17	18	苍双	女	生产部	2700	500	3200
18	8	黎蓟蒲	男	生产部	2750	500	3250
20	19	闻莘	男	生产部	2800	500	3300
22	3	祖武符	女	生产部	2950	500	3450
25				部门	基本工资		
26				生产部	>=2700		

图 4.4.13 高级筛选后的结果

五、数据分类汇总

（1）执行“数据”→“筛选”→“全部显示”命令，显示筛选前的所有员工记录。

（2）将光标放在工作表内任意位置，执行“数据”→“分类汇总”命令，弹出“分类汇总”对话框，将“分类字段”设置为“部门”，将“汇总方式”设置为“平均值”，将“选定汇总项”设置为“工资总额”，如图 4.4.14 所示。单击“确定”按钮后得到如图 4.4.15 所示的效果。

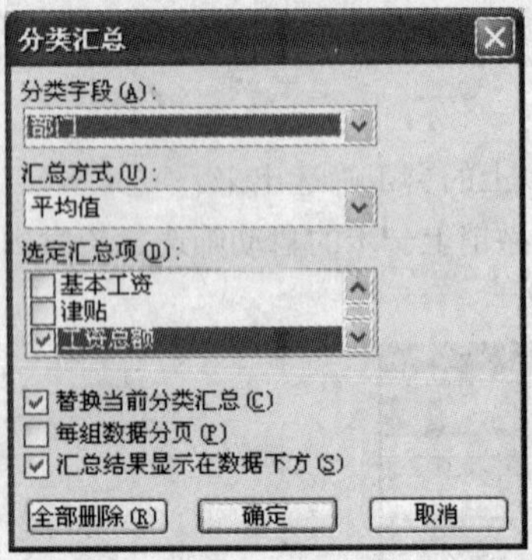

图 4.4.14 “分类汇总”对话框

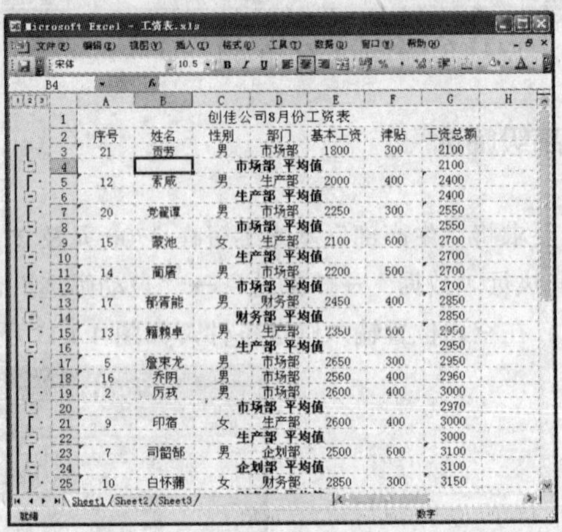

图 4.4.15 分类汇总后的效果

六、合并计算

（1）将光标放在工作表内，在如图 4.4.15 所示的“分类汇总”对话框中，单击“全部删除”按钮，撤销分类汇总。

（2）将 Sheet1 工作表的内容复制到 Sheet2 工作表内，根据实际情况修改员工 8 月份的“基本工资”“津贴”和“工资总额”，得到 9 月份的“基本工资”“津贴”和“工资总额”如图 4.4.16 所示。

（3）将 Sheet1 工作表的内容复制到 Sheet3 工作表内，将“基本工资”“津贴”和“实发工资”的数据全部删除，并把表的标题改为“创佳公司 8、9 月份平均工资表”，得到的效果如图 4.4.17 所示。

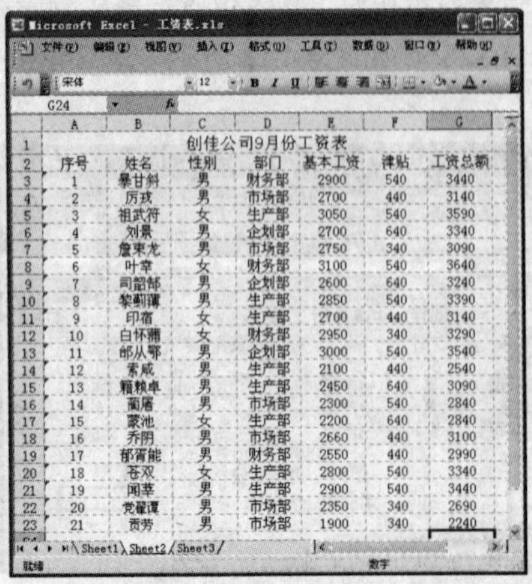

图 4.4.16 Sheet2 工作表的效果

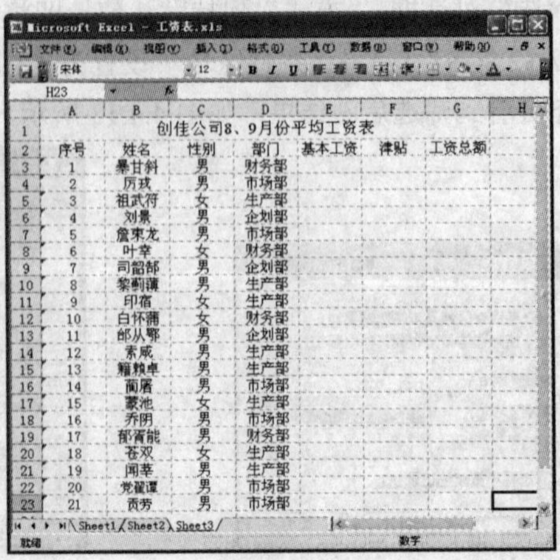

图 4.4.17 Sheet3 工作表的效果

（4）将光标定位在 E3 单元格内，执行“数据”→“合并计算”命令，弹出“合并计算”对话框，将“函数”设置为“平均值”，单击按钮，切换到 Sheet1 中选择所有的数据区域，再次单击按钮，返回到“合并计算”对话框，单击“添加”按钮，再用相同的方法将 Sheet2 工作表中的所有数据区域也添加进来，得到的效果如图 4.4.18 所示。单击“确定”按钮后得到“创佳公司 8、9 月份平均工资表”，效果如图 4.4.19 所示。

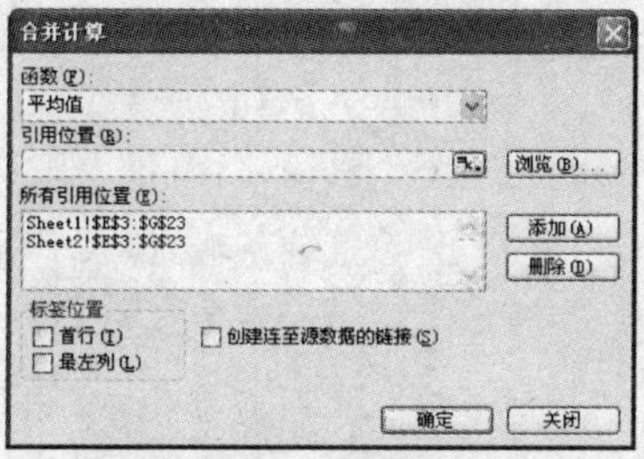

图 4.4.18　设置合并计算的引用位置

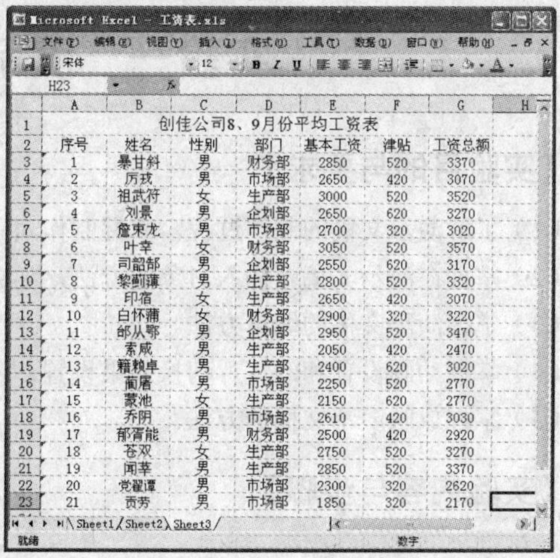

创佳公司8、9月份平均工资表						
序号	姓名	性别	部门	基本工资	津贴	工资总额
1	暴甘斜	男	财务部	2850	520	3370
2	厉戎	男	市场部	2650	420	3070
3	祖武符	女	生产部	3000	520	3520
4	刘景	男	企划部	2650	620	3270
5	詹束龙	男	市场部	2700	320	3020
6	叶幸	女	财务部	3050	520	3570
7	司韶部	男	企划部	2550	620	3170
8	黎蓟薄	男	生产部	2800	520	3320
9	印宿	女	生产部	2650	420	3070
10	白怀蒲	女	财务部	2900	320	3220
11	郜从鄂	男	企划部	2950	520	3470
12	索咸	男	生产部	2050	420	2470
13	籍赖卓	男	生产部	2400	620	3020
14	蔺屠	男	市场部	2250	520	2770
15	蒙池	女	生产部	2150	620	2770
16	乔阴	男	市场部	2610	420	3030
17	郁胥能	男	财务部	2500	420	2920
18	苍双	女	生产部	2750	520	3270
19	闻莘	男	生产部	2850	520	3370
20	党翟谭	男	市场部	2300	320	2620
21	贡劳	男	市场部	1850	320	2170

图 4.4.19　合并计算后的效果

通过“合并计算”命令，就将 8、9 月份员工的“基本工资”“津贴”和“工资总额”的平均值自动计算出来了，即方便又快捷。

项目五　演示文稿制作软件 PowerPoint 2003

实验一　演示文稿的制作

【实验目的与要求】

（1）了解演示文稿的制作过程，掌握制作演示文稿的方法。

（2）掌握在演示文稿中插入对象的方法，学会各种对象的设置方法。

（3）掌握演示文稿的编辑方法。

（4）掌握动画设置和幻灯片切换效果设置。

（5）掌握放映演示文稿的方法。

【实验内容与步骤】

一、实验内容

在 D 盘根文件夹下创建演示文稿“22.ppt”，并录入相应文本，最终效果如图 5.1.1 所示，具体要求如下：

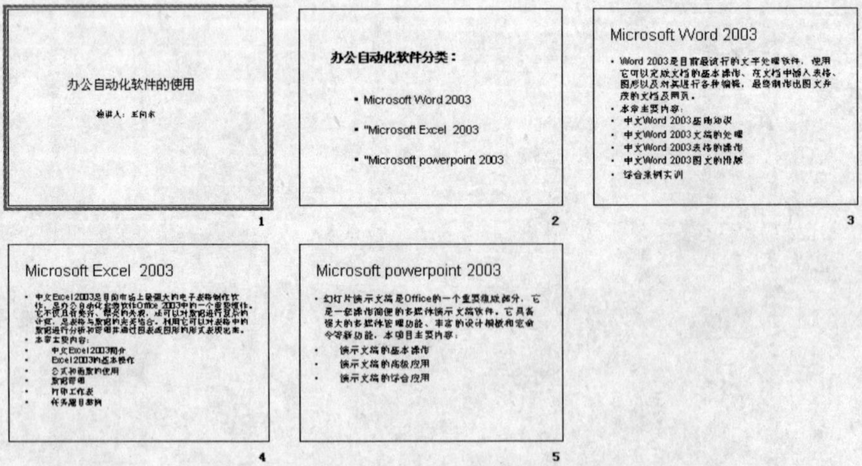

图 5.1.1　幻灯片文本内容

（1）在第 1 张幻灯片之前插入一张幻灯片，版式为“标题幻灯片”，输入标题文本“办公自动化软件的使用”，格式为黑体，54 号，粗体，蓝色。副标题“演讲人：王向东”，格式为宋体，24 号，黑色。

（2）第 2 张幻灯片的版式为“标题和文本”版式。

（3）使用模板“ocean.pot”修饰全文幻灯片。

（4）在第 2 张幻灯片中，将“Microsoft Word 2003”链接到第 3 张幻灯片；“Microsoft Excel 2003”链接到第 4 张幻灯片；“Microsoft PowerPoint 2003”链接到第 5 张幻灯片。

（5）使用动作按钮 使第 3、4、5 张幻灯片分别返回到第 2 张幻灯片。动作按钮高度为 1.1 厘米，宽度为 1.8 厘米；填充色为浅灰色、线条色为深灰色；位置在幻灯片右下角。

（6）更改所有幻灯片的配色方案：设置配色方案如图；强调和超级链接为黑色；强调和已访问超级链接为蓝色。

（7）为所有幻灯片添加幻灯片编号（蓝色）和可更新的日期（蓝色）。在标题幻灯片中不显示幻灯片编号。

（8）将第 3 张幻灯片的背景预设颜色设置为“金色年华”，底纹样式为“水平”。第 4 张幻灯片的背景纹理应用为“纸莎草纸”。第 3 张幻灯片的过渡颜色应用为“单色”、颜色为 RGB(255,204,153)（即使用自定义标签中的 red：255，green：204，blue：153）。

二、操作步骤

（1）更改幻灯片版式。选中幻灯片，执行“格式”→“幻灯片版式”命令，在右侧的任务窗格中选中所需版式名称单击。

（2）文本输入及文字格式的设置与 Word 方法相同。

（3）使用模板。执行“格式”→“幻灯片设计”命令，在右边的任务窗格中，鼠标停留在模板上会显示出每个模板的名字。选择“ocean.pot”模板，单击模板右侧的下拉箭头，在弹出的快捷菜单中选择“应用于所有幻灯片”命令，如图 5.1.2 所示。

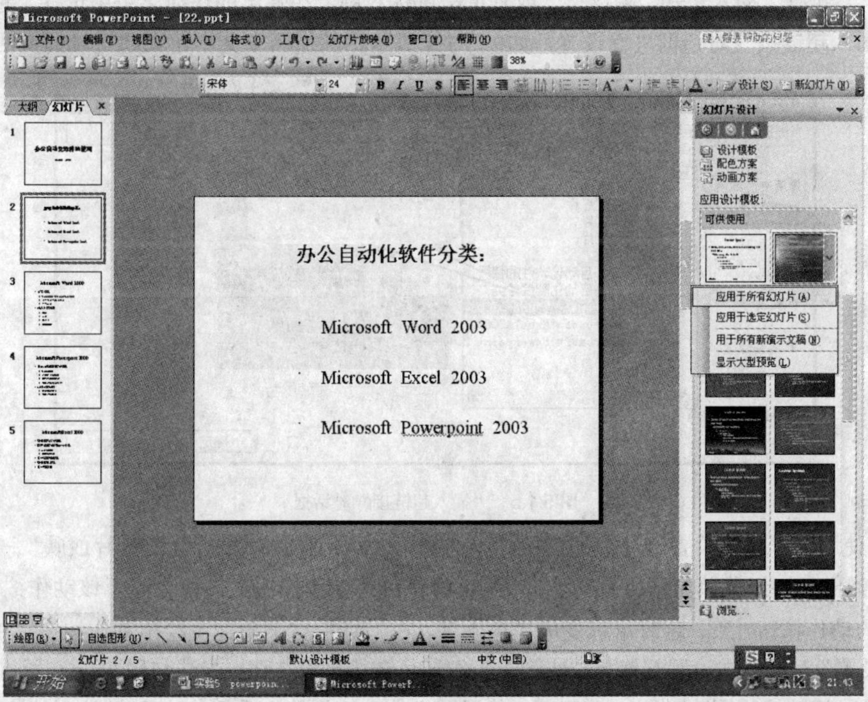

图 5.1.2 使用模板

（4）设置超链接。有两种方法可以设置超链接。

1）使用“幻灯片放映”→“动作设置”建立超链接。在第 2 张幻灯片中选中文本“Microsoft word 2003”，执行“幻灯片放映”→“动作设置”命令，弹出的“动作设置”对话框，在“单击鼠标”选项卡中选中“超链接到”，打开下拉箭头，选择“幻灯片…”，如图 5.1.3 所示。在弹出“超链接到幻灯片”对话框中选择要链接到的幻灯片标题“3. Microsoft Word 2003”，如图 5.1.4 所示。其他两个文本超链接的设置方法相同。

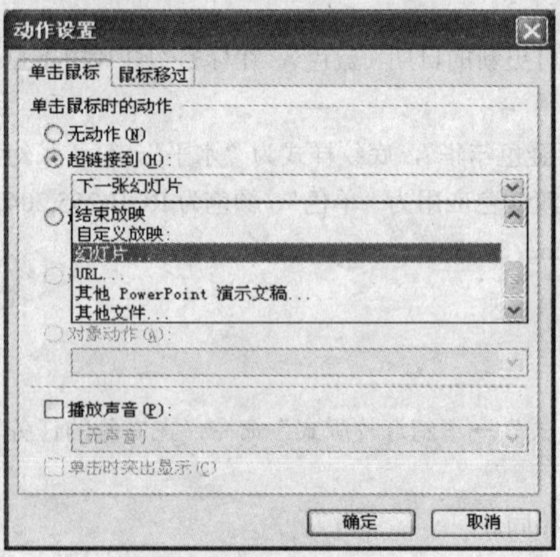

图 5.1.3 “动作设置”对话框

图 5.1.4 “超链接到幻灯片”对话框

2）使用“插入”→“超链接”或单击鼠标右键建立超链接。在第 2 张幻灯片中选中文本“Microsoft Word 2003”，执行“插入”→“超链接”或者单击鼠标右键，在弹出的快捷菜单中选择“超链接”命令，在“插入超链接”对话框进行设置，如图 5.1.5 所示。其他两个文本建立超链接的方法相同。

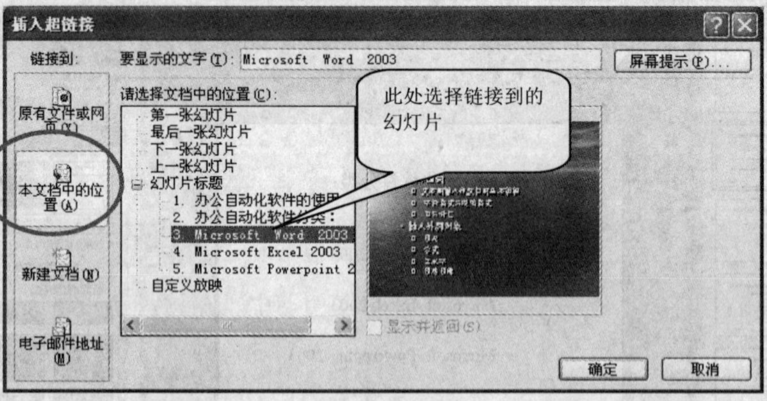

图 5.1.5 “插入超链接”对话框

（5）使用动作按钮设置幻灯片超链接。先选择第 3 张幻灯片，执行“幻灯片放映”→“动作按钮”命令，弹出的二级菜单显示所有动作按钮，鼠标在每个动作按钮上停留会显示该动作按钮的名字。选择要求的动作按钮，这时鼠标变成黑色十字，在幻灯片右下角拖曳绘出动作按钮，在同时弹出的“动作设置”对话框中设置超链接，使第 3 张幻灯片链接到第 2 张。方法与用“幻灯片放映”→“动作设置”建立超链接相同，如图 5.1.6 所示。使用同样的方法将第 4、5 张幻灯片链接到第 2 张幻灯片。

（6）设置动作按钮格式。在动作按钮上单击鼠标右键，在弹出的快捷菜单里选择“设置自选图形格式”命令，或者直接双击动作按钮，在出现的“设置自选图形格式”对话框里设置动作按钮的尺寸和颜色。

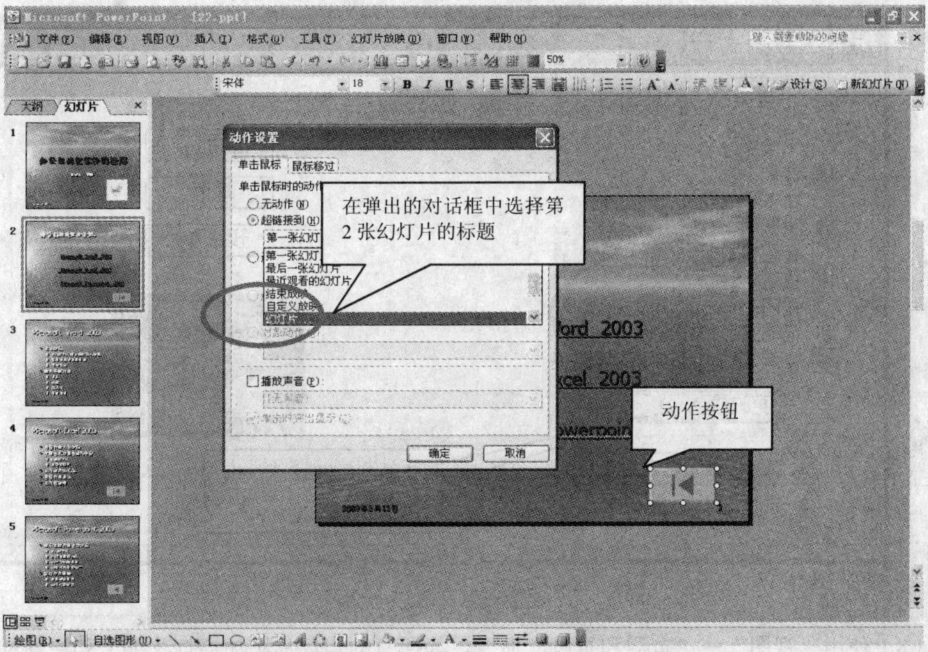

图 5.1.6　应用"动作按钮"设置超链接

（7）配色方案。执行"格式"→"幻灯片设计"命令，在右边的任务窗格中选择"配色方案"，在下面出现的"应用配色方案"列表中找到所给样式的配色方案，打开右侧向下箭头，选择"应用于所有幻灯片"，如图 5.1.7 所示。

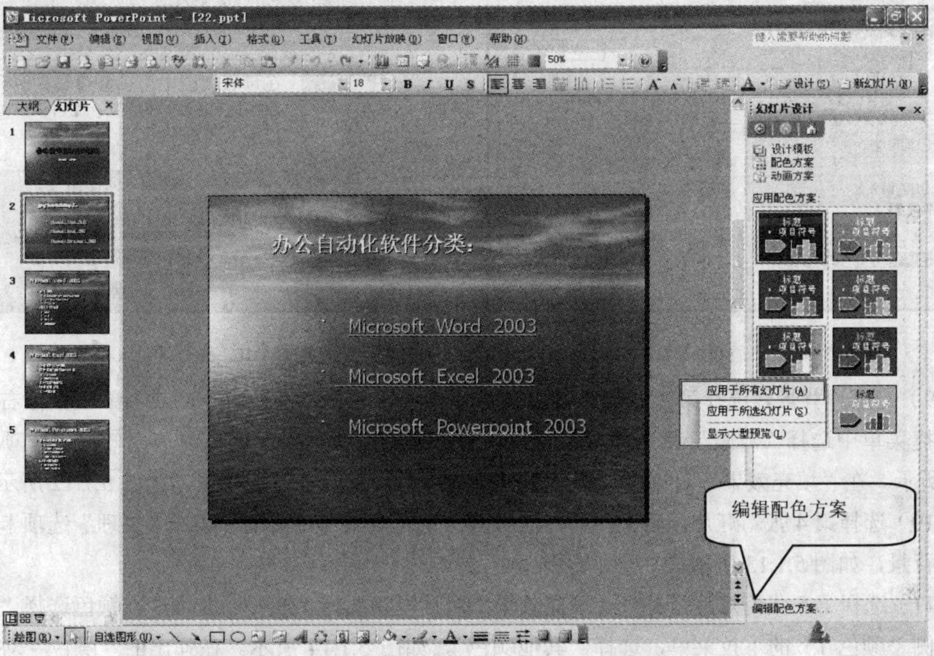

图 5.1.7　设置幻灯片配色方案

单击任务窗格最下面的"编辑配色方案"，在弹出的"编辑配色方案"对话框中按照要求修改"强调文字和超级链接”以及“强调文字和已访问的超级链接”的颜色，如图 5.1.8 所示。

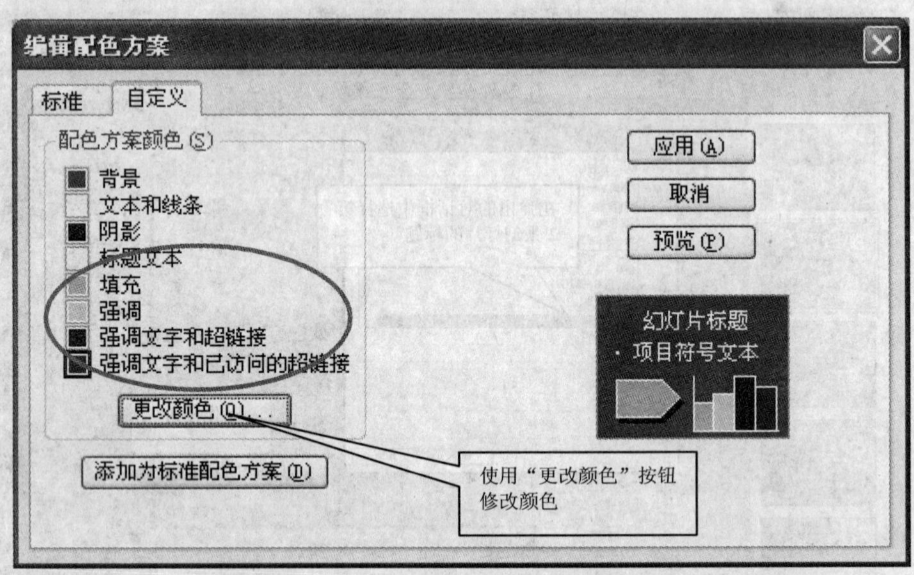

图 5.1.8　编辑配色方案

（8）使用“视图”→“页眉和页脚”命令，为所有的幻灯片添加幻灯片编号和更新的日期，如图 5.1.9 所示。然后使用“视图”→“母版”→“幻灯片母版”命令，在幻灯片母版视图中，调整字符的颜色和位置等，如图 5.1.10 所示。

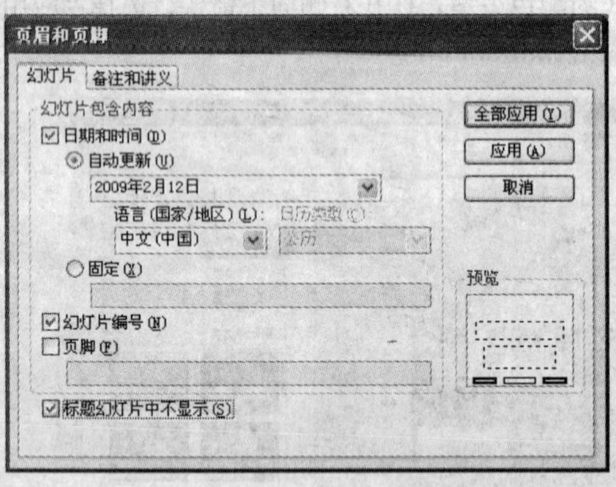

图 5.1.9　“页眉和页脚”对话框

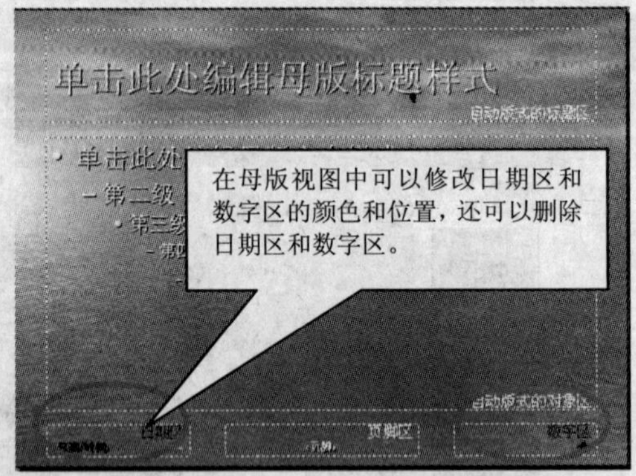

图 5.1.10　幻灯片母版视图

（9）幻灯片背景。选择第 3 张幻灯片，执行“格式”→“背景”命令，或者单击鼠标右键在弹出的快捷菜单中选择“背景”命令，在“背景”对话框的下拉菜单中选择“填充效果”选项，如图 5.1.11 所示。在“填充效果”对话框选择“渐变”选项卡，按要求设置背景，如图 5.1.12 所示。

（10）选择第 4 张幻灯片，用上面的方法打开“填充效果”对话框，选择“纹理”选项卡，按要求设置背景，如图 5.1.13 所示。

（11）选择第 5 张幻灯片，打开“填充效果”对话框，选择“渐变”选项卡，颜色选择“单色”，打开右侧“颜色 1”的下拉菜单，选择“其他颜色”，如图 5.1.14 所示。在弹出的“颜色”对话框中选择“自定义”标签，按要求输入颜色参数，如图 5.1.15 所示。最终的效果如图 5.1.1 所示。

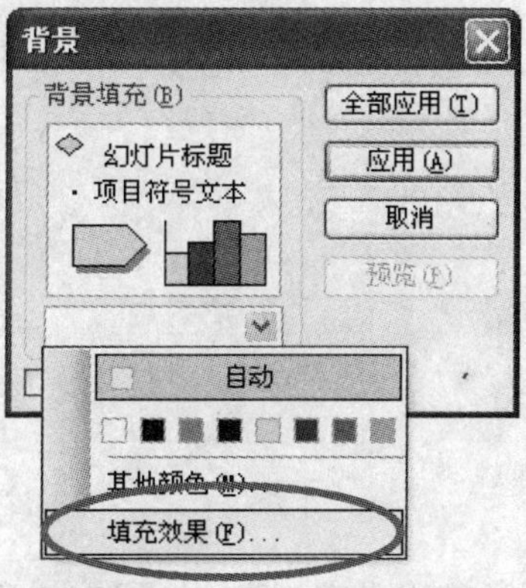

图 5.1.11　“背景”对话框

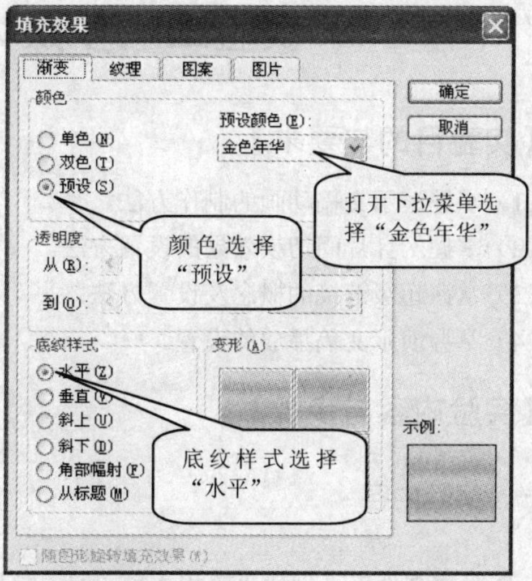

图 5.1.12　“填充效果”对话框

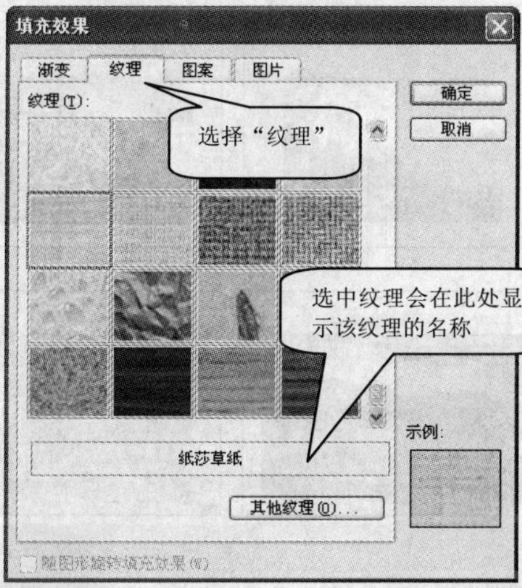

图 5.1.13　设置背景纹理“纸莎草纸”

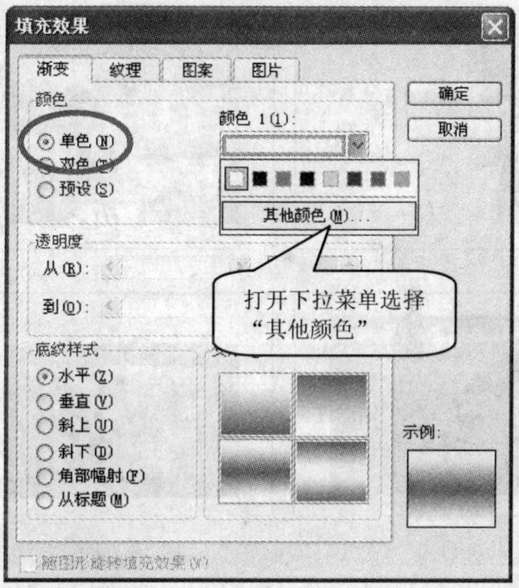

图 5.1.14　设置背景颜色“单色”

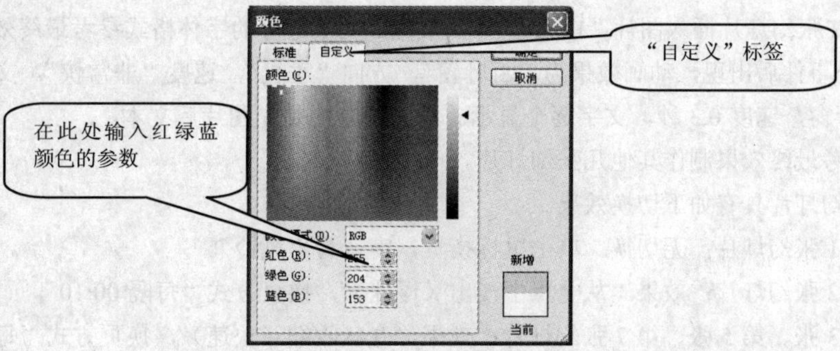

图 5.1.15　使用自定义标签设置单色颜色“黄色”

实验二　多媒体幻灯片的制作

【实验目的与要求】

（1）掌握演示文稿动画的制作方法。

（2）掌握幻灯片间切换效果的设置方法。

（3）掌握超级链接的概念及设置方法。

（4）掌握演示文稿播放的设置。

【实验内容与步骤】

一、实验内容

在 D 盘根文件夹下创建“照相本子.ppt”文件。需制作的幻灯片共有 8 张，如图 5.2.1 所示。实验所用图片、声音文件事先准备在文件夹中。

图 5.2.1　原始图片

（1）第 1 张幻灯片插入图片“吉米的专栏.jpg”和图片“吉米.jpg”。图片的位置参考最终效果“照相本子.ppt”。

（2）第 2 张幻灯片插入图片“1.jpg”，添加文本。文本部分的字体格式参考最终效果设置。设置图片在前一个事件后出现，动画效果为“百叶窗”，方向“垂直”，速度“非常快”。文本部分动画效果为水平百叶窗，速度 0.3 秒，文字逐个显示。动画的顺序是先图片后文本。

（3）参考最终效果制作其他几张幻灯片。

（4）各幻灯片具有如下切换效果。

1）第 1 张幻灯片：无切换，单击鼠标换页，声音为“风铃”。

2）第 2 张幻灯片：效果“从全黑中淡出（慢速）”，换页方式“每隔 00:10”。

3）第 3 张、第 5 张、第 7 张幻灯片：效果“盒状收缩（快速）”，换页方式“每隔 00:10”，声音为“照相机”。

4）第 4 张、第 6 张、第 8 张幻灯片：效果“盒状展开（快速）”，换页方式“每隔 00:10”，声音为“照相机”。

（5）在每张幻灯片左上角同一位置添加图片“照相本子.jpg”。每张幻灯片四周都添加框线，如“照相本子.ppt”所示。

（6）在整个幻灯片的放映过程中伴有背景音乐“童年.mp3”。

（7）观察幻灯片的放映效果，然后以文件名“照相本子.ppt”把演示文稿保存起来。

二、操作步骤

（1）执行“文件”→“新建”命令，使用“空演示文稿”，选择“空白”版式，按要求创建演示文稿的第 1 张幻灯片。

（2）插入一张“空白”版式的幻灯片，放在第 1 张幻灯片的后面。按要求插入图片，调整图片位置。插入文本框，输入文字，设置文字格式。选中图片，执行“幻灯片放映”→“自定义动画”命令，在右侧出现的“自定义动画”任务窗格中按要求设置图片的动画效果，如图 5.2.2 所示。用同样的方法设置文本部分的动画，如图 5.2.3 所示。

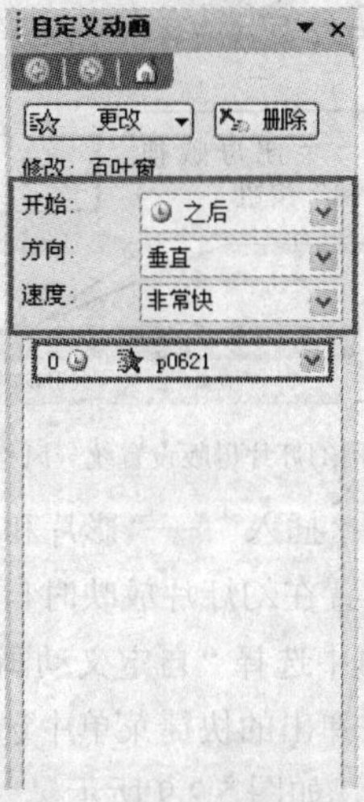

图 5.2.2　图片的动画设置

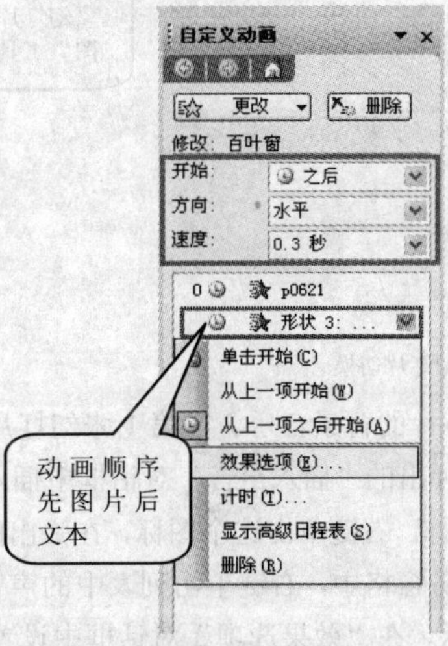

图 5.2.3　文本的动画设置

关于文本部分动画速度和文字延迟的设置：在“自定义动画”的动画列表中选定文本部分，单击鼠标右键，在弹出的快捷菜单里选择“效果选项”命令，如图 5.2.3 所示。在效果选项对话框里设置文字延迟和速度，如图 5.2.4、5.2.5 所示。各部分动画的顺序可以在任务窗格的动画列表中进行设置。

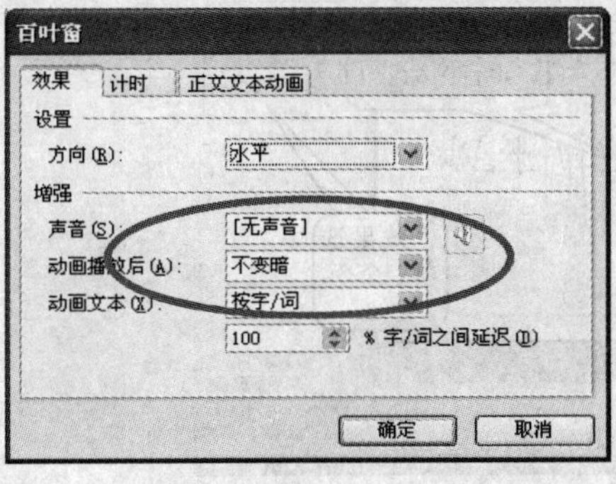

图 5.2.4　设置文字逐个延迟

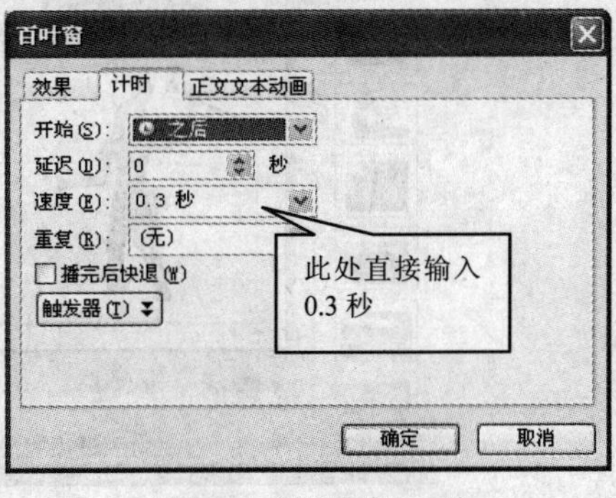

图 5.2.5　设置速度 0.3 秒

（3）用同样的方法制作其他几张幻灯片，并设置每部分对象的动画效果。

（4）使用“幻灯片放映”→“幻灯片切换”命令，按要求为每一张幻灯片设置切换效果。以第2张幻灯片为例，先选择第2张幻灯片，执行“幻灯片放映”→“幻灯片切换”命令，在“幻灯片切换”任务窗格中按要求设置切换效果，如图5.2.6所示。

（5）使用母版为所有幻灯片设置统一的风格。执行“视图”→“母版”→“幻灯片母版”命令，在“母版”视图中插入图片“照相本子.jpg”，并使用“绘图”工具栏绘制边框。设置好后关闭“幻灯片母版视图”工具栏上的“关闭模板视图”按钮，即为所有幻灯片添加了图片和边框，如图5.2.7所示。

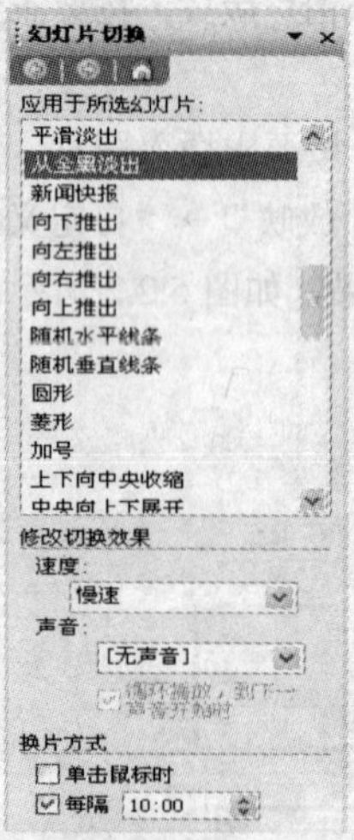

图5.2.6 幻灯片切换

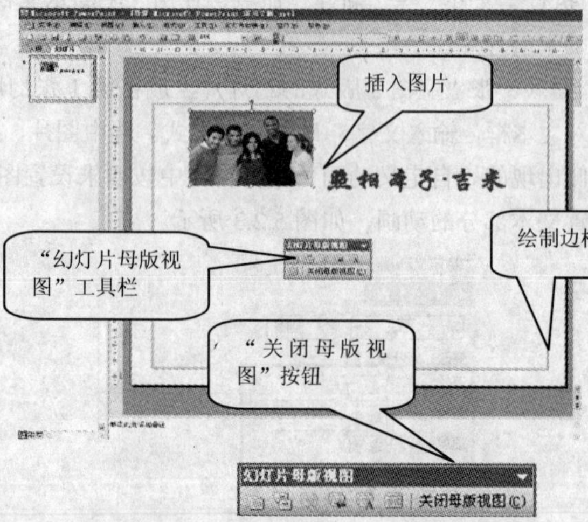

图5.2.7 使用幻灯片母版设置统一风格

（6）设置幻灯片的背景音乐。在第1张幻灯片中，执行“插入”→“影片和声音”→“文件中的声音”命令，在弹出的“插入声音”对话框中插入音乐，设置在幻灯片放映时自动播放，然后在幻灯片上会出现图标，右键单击这个图标，在弹出的快捷菜单中选择“自定义动画”命令，在右侧的“自定义动画”任务窗格中，右键单击列表中的声音对象，在弹出的快捷菜单中选择“效果选项”命令，如图5.2.8所示。在“效果选项”对话框中设置声音文件，如图5.2.9所示。

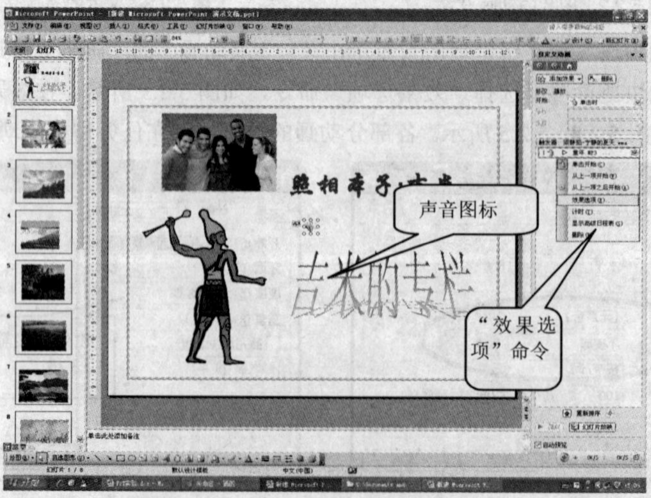

图5.2.8 为幻灯片加入背景声音

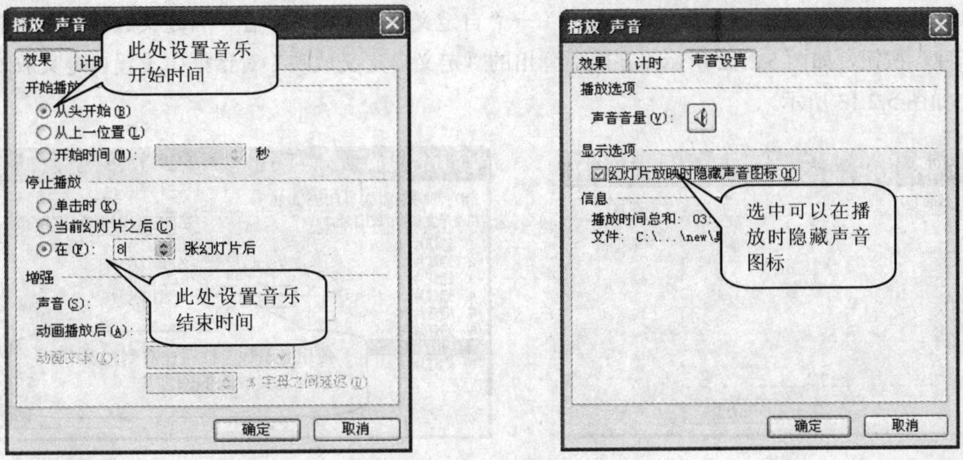

图 5.2.9　设置声音文件

还可以使用幻灯片切换来设置背景音乐，只要在设置第 1 张幻灯片的“幻灯片切换”任务窗格的“声音”选项里选择“其他声音”，然后在弹出的“添加声音”对话框中找到要添加的声音即可。但此种方法可以添加的声音必须是 WAV 格式的，不能是 MP3 格式。

（7）在“幻灯片放映视图”或者使用菜单命令“幻灯片放映”→“观看放映”观看演示文稿的播放效果。把演示文稿以文件名“照相本子.ppt”保存起来。

（8）放映方式的设置。执行“幻灯片放映”→“设置放映方式”命令，在对话框中设置放映方式，如图 5.2.10 所示。

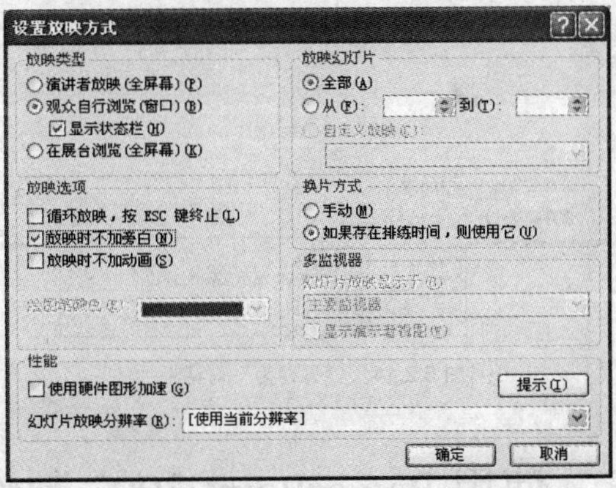

图 5.2.10　“设置放映方式”对话框

（9）幻灯片页面大小和起始编号的设置。执行“文件”→“页面设置”命令，在“页面设置”对话框中设置幻灯片大小和起始编号，如图 5.2.11 所示。

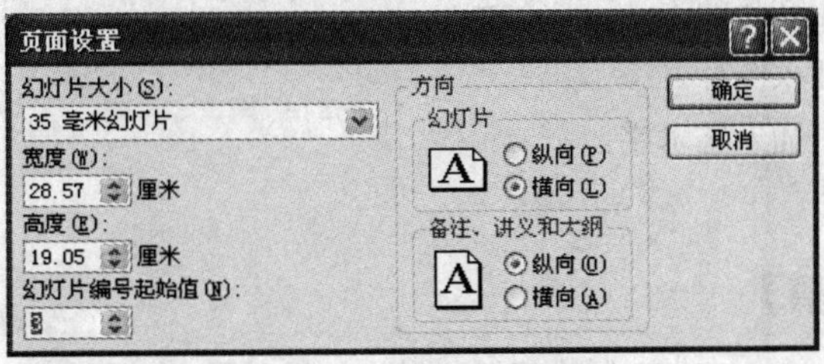

图 5.2.11　“页面设置”对话框

（10）自定义放映。执行“幻灯片放映”→“自定义放映”命令，在“自定义放映”对话框中单击“新建”按钮，如图 5.2.12 所示，在随后弹出的“定义自定义放映”对话框中设置自定义放映的幻灯片，如图 5.2.13 所示。

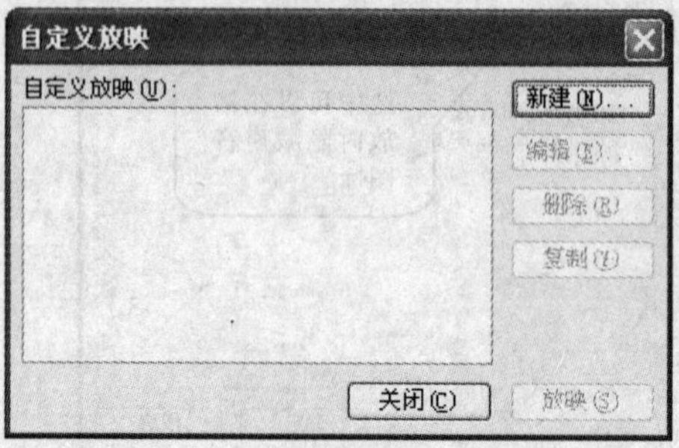

图 5.2.12 “自定义放映”对话框

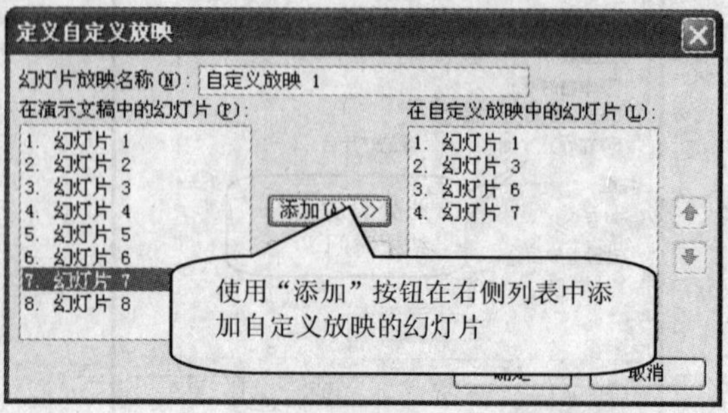

图 5.2.13 “定义自定义放映”对话框

（11）把演示文稿保存为其他格式文件。执行“文件”→“另存为”命令，在“另存为”对话框下方的“保存类型”下拉菜单中选择所需保存的文件类型，如图 5.2.14 所示。

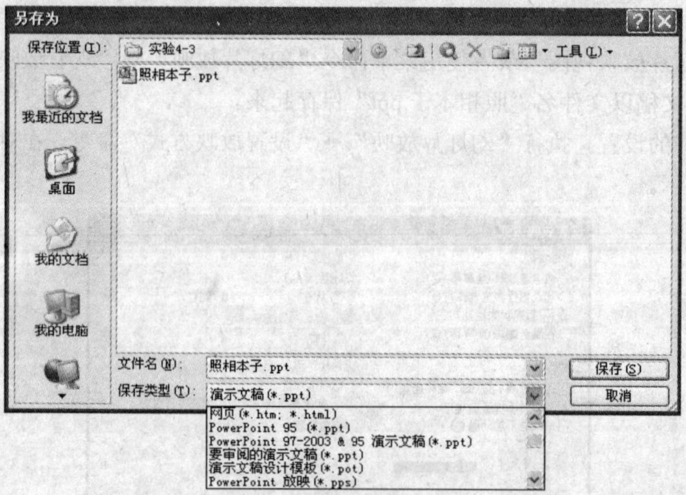

图 5.2.14 “另存为”对话框

实验三　使用 PowerPoint 2003 制作相册

【实验目的与要求】

（1）熟练掌握添加幻灯片的方法。

（2）会在幻灯片中插入图片。

（3）掌握在幻灯片中插入艺术字。

（4）掌握模板的使用。

【实验内容与步骤】

本实验主要是用 PowerPoint 2003 制作相册，最终效果如图 5.3.1 所示。

图 5.3.1　精美画册的最终效果

一、插入图片

（1）要建立电子画册，首先要用扫描仪或数码相机将要用到的图片导入到计算机中，保存成图形文件。

启动 PowerPoint，新建一个空白演示文稿，再将页面上的虚框占位符去掉，只留下白色的背景，如图 5.3.2 所示。

方法是用鼠标在虚框上单击一下（注意是在虚框上单击，不是在虚框中的文字上单击），然后按下键盘上的 Delete 键，就可以将虚框去掉了。

（2）执行“插入”→“图片”→“来自文件”命令，从弹出的“插入图片”对话框中，选中提前准备好的“child1.jpg”“child2.jpg”“child3.jpg”和“child4.jpg”文件，单击“插入”按钮，如图 5.3.3 所示。

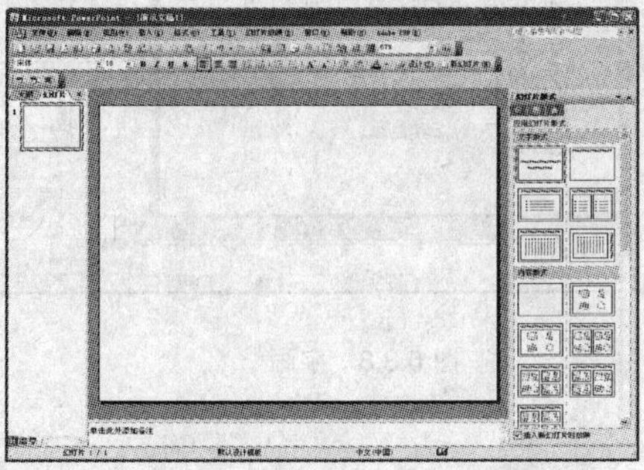

图 5.3.2　删除占位符后的效果

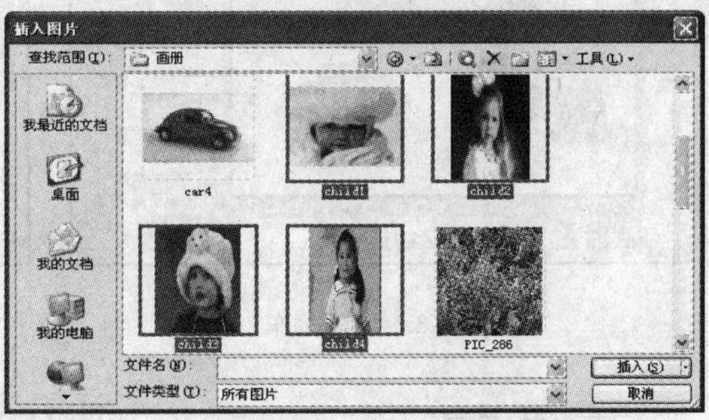

图 5.3.3　选择要插入的图片

一次可以插入一张图片，也可以同时选中多张图片一起插入。

（3）用鼠标拖动图片来调整图片的位置，拖动图片四周的控制点来调整图片的大小，效果如图 5.3.4 所示。

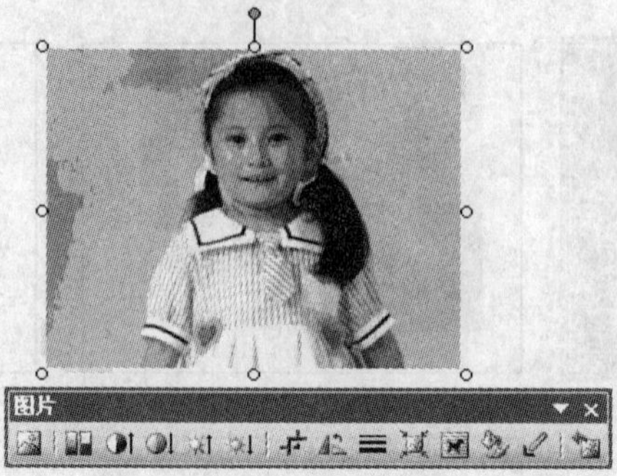

图 5.3.4　调整图片的位置和大小

（4）按照同样的步骤，将不同类别的图片，分别插入到不同的幻灯片中，效果如图 5.3.5 至图 5.3.8 所示。

图 5.3.5　童年

图 5.3.6　精美邮票

图 5.3.7　我的轿车

图 5.3.8　字画

二、插入艺术字

接下来为这个画册做一个目录页。

按“Ctrl+M”快捷键新增一张幻灯片，如图 5.3.9 所示。在屏幕左侧“幻灯片”选项卡中选中新增的幻灯片，再用鼠标将它拖动到最上面，也就是让它成为这个演示文稿的第 1 张幻灯片，如图 5.3.10

所示。

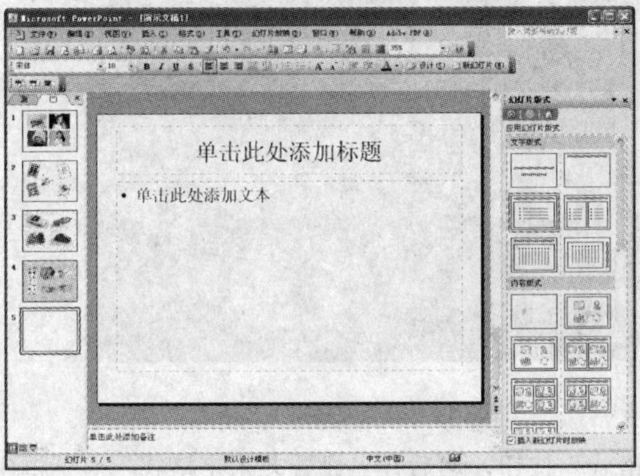

图 5.3.9　新增一张幻灯片

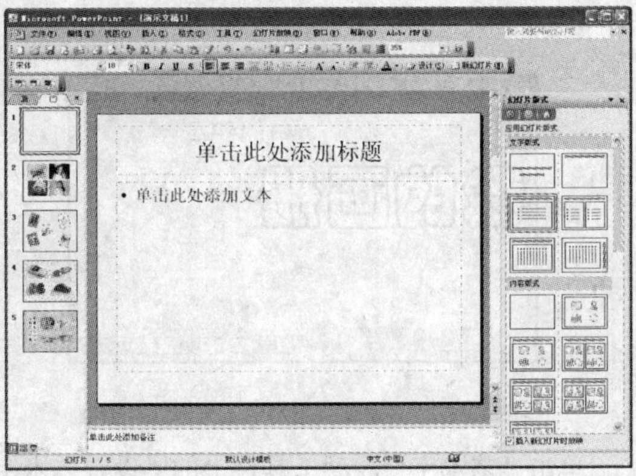

图 5.3.10　把新增幻灯片拖到最上面

将页面上的虚框占位符去掉，在页面的空白处单击鼠标右键，从弹出的菜单中选择“背景”命令，弹出“背景”对话框。

单击“背景填充”下拉箭头，选择“填充效果”选项，弹出“填充效果”对话框。单击“图片”选项卡后再单击“选择图片”按钮，插入准备好的“PIC_286.jpg”图形文件后，单击“填充效果”对话框中的“确定”按钮，并单击“背景”对话框中的“应用”按钮。这样，这张幻灯片就有了一张镜框样式的背景，如图 5.3.11 所示。

执行“插入”→“插入图片”→“艺术字”命令。下面做几个艺术字，以增加画册的效果。

在“艺术字库”对话框中，选取第二种竖排形式的艺术字样式，如图 5.3.12 所示，然后单击“确定”按钮。

图 5.3.11　插入一张镜框样式的背景

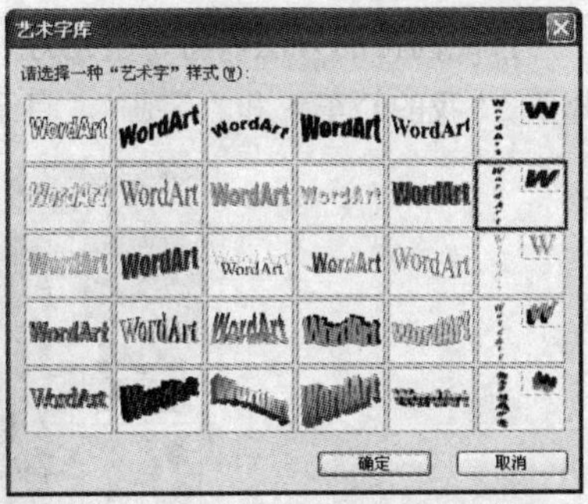

图 5.3.12　艺术字库

在“编辑‘艺术字’文字”对话框中，输入“我的画册”四个字。

将“字体”改为“华文彩云”，“字号”改为“54”，并将粗体的按钮按下，如图 5.3.13 所示，然后单击“确定”按钮。

此时艺术字已经出现在幻灯片中了，然后选定文字，拖动绿色小圆点，便可以旋转艺术字，再拖动黄色小方块，调整文字大小适当，效果如图 5.3.14 所示。

图 5.3.13 "编辑"艺术字"文字"对话框

图 5.3.14 调整文字大小适当

单击"艺术字"浮动工具栏上的"设置艺术字格式"按钮，然后在"设置艺术字格式"对话框中可以改变艺术字的各种外观参数。在"线条和颜色"选项卡上将"填充"栏中的"颜色"改为"红色"，将"线条"栏中的"颜色"改为"金色"，如图 5.3.15 所示，设置完成后单击"确定"按钮。

形状、颜色都调整好后，在幻灯片中再调整一下艺术字的大小和位置，这个标题艺术字就做好了，效果如图 5.3.16 所示。

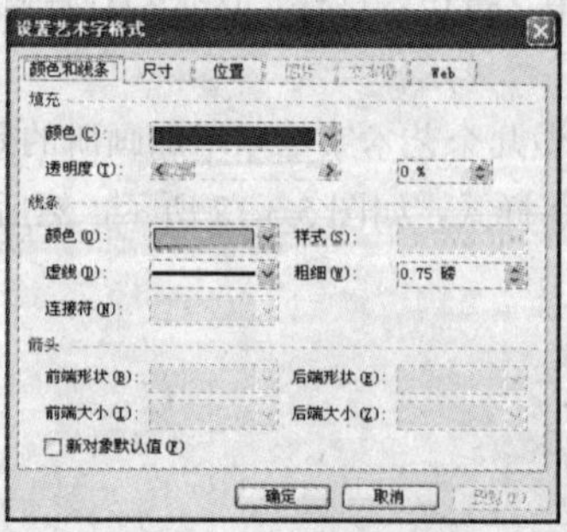

图 5.3.15 "设置艺术字格式"对话框

图 5.3.16 标题艺术字效果

按照同样的方法，将每页幻灯片的主题也用漂亮的艺术字做好，目录文字分别为"童年""精美邮票""我的轿车"和"字画"。目录页最后效果如图 5.3.17 所示。

图 5.3.17 目录页最后效果

实验四　组织结构图幻灯片的制作

【实验目的与要求】

（1）掌握组织结构图的插入方法。

（2）正确运用“组织结构图”工具栏编辑组织结构图。

【实验内容与步骤】

一、实验内容

在软件项目的开发之后，为了使开发小组对整个项目有一定的了解，需要进行项目计划的介绍。在此实训中，要求为某软件公司的财务系统项目制作项目计划介绍的演示文稿。最终效果如图 5.4.1 所示。

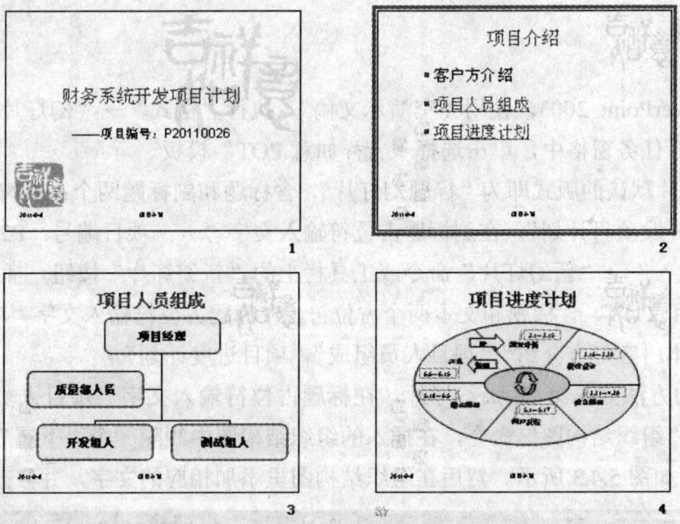

图 5.4.1　组织结构图最终效果

（1）新建演示文稿“项目计划.ppt”，应用模板“吉祥如意.POT”。

（2）在首页添加正副标题“财务系统开发项目计划”“——项目编号：P20110026”。

（3）插入第 2 张幻灯片，标题为“项目介绍”，在文本框中键入三行文本“客户方介绍”“项目人员组成”“项目进度计划”。

（4）插入第 3 张幻灯片，标题为“项目人员组成”。插入组织结构图，“开发组人员”和“测试组人员”是“项目经理”的下属，“质量部人员”是“项目经理”的助手，设置文字颜色：蓝色。

（5）插入第 4 张幻灯片，绘制项目进度计划。

1）绘制同心的两个椭圆，中间小椭圆的填充颜色设置为：淡绿色，椭圆的不重叠部分用直线分隔成 6 个部分，在分隔开的扇形中顺次添加文本框，并输入文本“需求分析”“快速设计”“建立原型”“用户反馈”“修正原型”“产品”，文字大小、字体默认，加粗，颜色：蓝色，并将椭圆、分隔线、文本组合起来。

2）添加“右箭头”并且调整方向指向扇形“需求分析”，箭头中添加文本“开始”；添加“左箭头”并且调整方向指向扇形“产品”，箭头中添加文本“结束”。“开始”“结束”两个箭头分别添加动画效果：弹跳，动画开始时间：鼠标单击时。

3）在内部椭圆中添加自选图形“上弧形箭头”和“下弧形箭头”，将这两个弧形箭头组合起来，填充金黄色。为组合添加动画效果：旋转，动画开始时间：鼠标单击时。

4）为上述 6 个模块分别添加标注，类型为“线形标注 2（带强调线）”，标注中的文本依次为“2.1 - 3.15”“3.16 - 3.30”“3.31 - 4.30”“5.1 - 5.17”“5.18 - 6.5”“6.6 - 6.15”，颜色：蓝色。为 6 个文本标注添加出现动画，动画效果可以自由选择，动画开始时间：鼠标单击时。

5）调整动画顺序。动画开始的先后顺序为：“开始”箭头、顺次的 6 个标注、中心弧形箭头组合、“结束”箭头。

（6）为页面添加链接。分别将第 2 页中的文本“项目人员组成”“项目进度计划”链接到标题为“项目人员组成”“项目进度计划”的页面。在上述两个目的页面分别添加自选图形“右箭头”，箭头中添加文本“返回”，对箭头设置到页面“项目介绍”的超级链接。

（7）设置页脚。在每页页脚显示自动更新的日期、页码，页脚显示的文本是“项目计划”。

二、操作步骤

（1）打开 PowerPoint 2003，使用“空演示文稿”，执行“格式”→“幻灯片设计”命令，在出现的“幻灯片设计”任务窗格中，单击选择“吉祥如意.POT”模板。

（2）首页幻灯片默认的版式即为“标题幻灯片”，含标题和副标题两个占位符，在标题占位符输入文字“财务系统开发项目计划”，在副标题占位符输入文字“——项目编号：P20110026”。

（3）执行“插入”→“新幻灯片”命令或工具栏上的“新幻灯片”按钮，插入第 2 张幻灯片。默认版式为“标题和文本”，含标题和文本两个占位符，在标题占位符输入文字“项目介绍”。在文本占位符输入三行文本“客户方介绍”“项目人员组成”“项目进度计划”。

（4）用同样的方法插入第 3 张幻灯片。在标题占位符输入文字“项目人员组成”。执行“插入”→“图片”→“组织结构图”命令，在插入的组织结构图中删除一个“下属”，如图 5.4.2 所示。加入一个“助手”，如图 5.4.3 所示。然后在组织结构图里添加相应的文字，并修改文字效果。

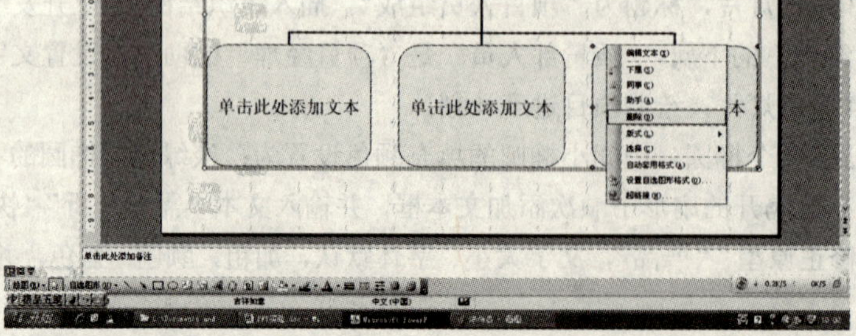

图 5.4.2　删除一个“下属”

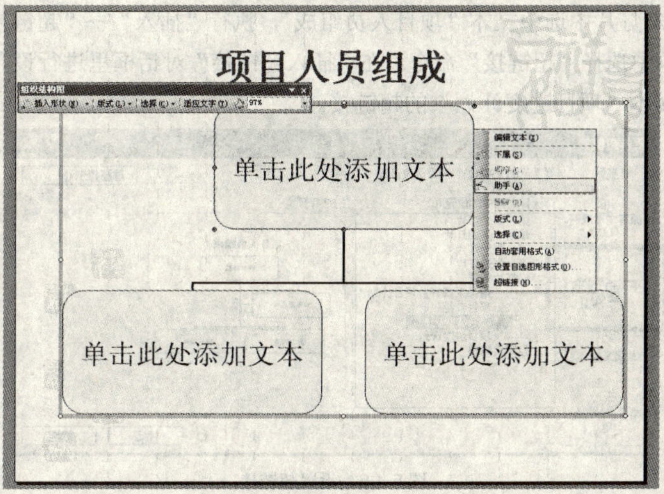

图 5.4.3　加入一个“助手”

组织结构图的组织关系如图 5.4.4 所示。在图 5.4.4 中，②是①的“助手”，③和④是①的“下属”，③和④彼此是“同事”。

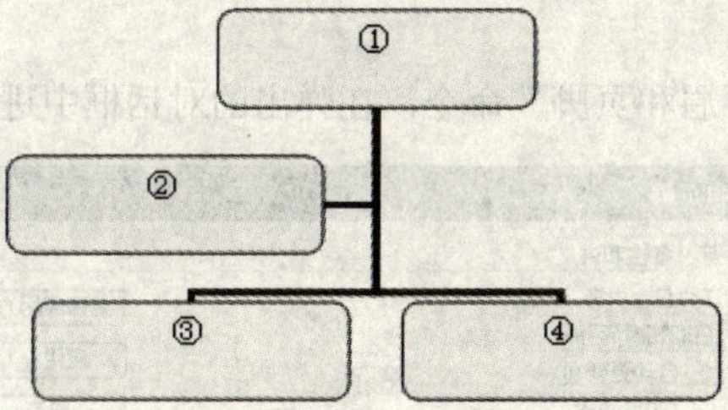

图 5.4.4　组织结构图的关系

（5）插入第 4 张幻灯片，按要求绘制图形并设置每一部分的动画效果。绘制图形使用“绘图”工具栏。设置动画效果使用“幻灯片放映”→“自定义动画”命令，如图 5.4.5 所示。

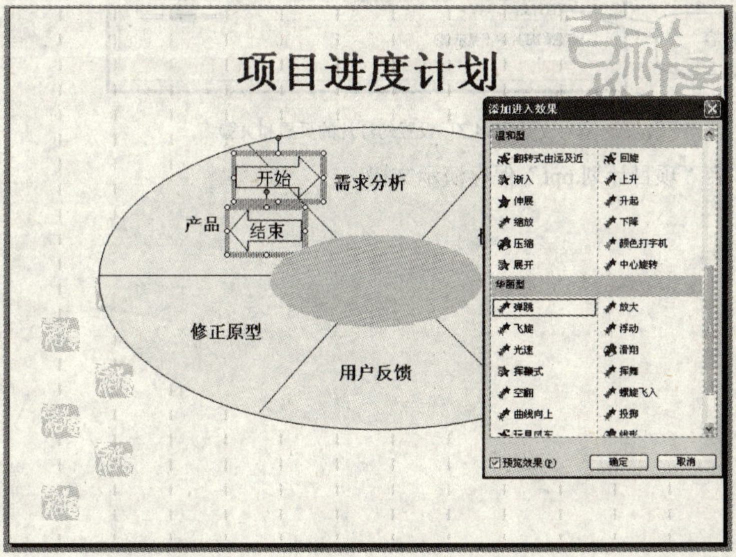

图 5.4.5　绘制图形并设置动画效果

（6）在第 2 张幻灯片中选中文本“项目人员组成”，执行“插入”→“超链接”命令，或单击鼠标右键，在快捷菜单中选择“超链接”命令。在“插入超链接”对话框里进行设置，如图 5.4.6 所示。用同样的方法设置文本“项目进度计划”的超链接。

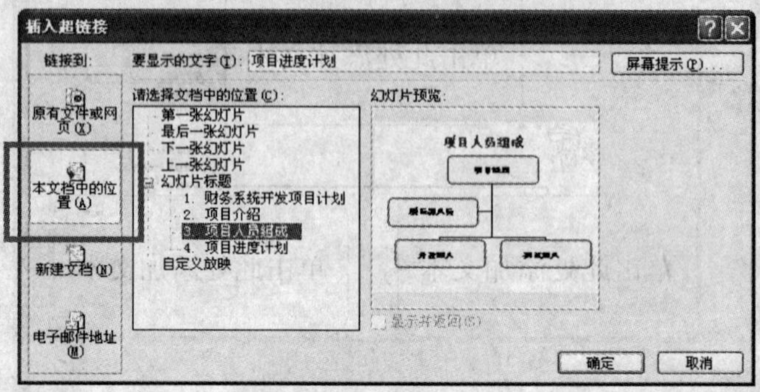

图 5.4.6 设置超链接

（7）选中第 3 张幻灯片，在右下角绘制箭头，选中箭头单击鼠标右键，在弹出的快捷菜单中选择“添加文本”命令，在出现文本框中输入文字“返回”。选中箭头，执行“插入”→“超链接”命令或单击鼠标右键选择“超链接”命令，在弹出的“插入超链接”对话框中选择要返回的幻灯片。用同样的方法设置第 4 张幻灯片。

（8）执行“视图”→“页眉和页脚”命令，在弹出的对话框中进行设置，如图 5.4.7 所示。

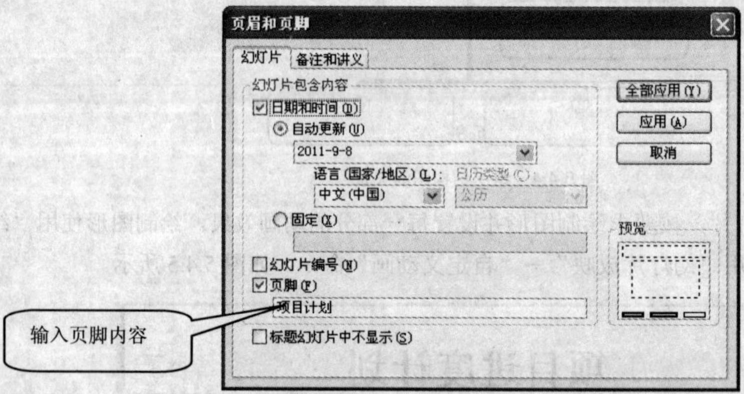

图 5.4.7 设置幻灯片的页眉和页脚

（9）以文件名“项目计划.ppt”保存演示文稿。

项目六　计算机网络与 Internet 技术应用

【实验目的与要求】

（1）利用 IE 浏览器浏览网站。

（2）使用百度搜索引擎。

（3）使用电子邮箱。

（4）文件下载。

【实验内容与步骤】

实验一　浏览因特网

我们以微软 Internet Explorer（简称 IE，或 IE 浏览器）为工具，从最基本的上网浏览信息开始，一步一步学习如何上网。

网上冲浪的操作十分简单，接入 Internet 后，启动 IE 即可浏览网页。常用的启动 IE 的方法有以下 3 种：

（1）双击 Windows XP 桌面上的图标。

（2）单击按钮，在弹出的菜单中选择命令。

（3）单击 Windows XP 桌面任务栏上的 IE 图标（在按钮的右侧）。

如果使用拨号上网方式，需要先启动拨号网络程序，与 ISP 的服务器连接后，再启动 IE。当然，也可在 IE 内设置同时启动拨号上网程序。

在 Internet 上的每一个地方都有一个固定的地址，称为网址。启动 IE 之后，用户便可以通过网址来浏览各种网页，所以，想浏览哪个网站，只要知道对应的网址即可。下面是通过 IE 进入地址：http://www.yahoo.com 的网页界面，如图 6.1.1 所示。

可以看出，雅虎网首页上的内容非常丰富，不仅可以浏览各种娱乐节目，如听音乐、打游戏、聊天等，同时还可以进行购物、网上论谈以及了解房产信息等。如果对哪个项目感兴趣，将鼠标指针指向该新闻的标题，这时，就可以看到指向该新闻的鼠标指针变成了一只小手，此时，单击鼠标即可进入用户所选择的页面。

1．设置主页

主页是每次打开浏览器时最先显示的页面。可以选择一个经常浏览的网页或者自己喜欢的网站首页，我们这里设置的主页是 www.yahoo.com。

（1）首先打开自己要设置的主页的网页，如：www.yahoo.com。

（2）单击菜单“工具”→“Internet 选项”命令，如图 6.1.2 所示，打开“Internet 选项”对话框。

（3）单击“常规”选项卡。

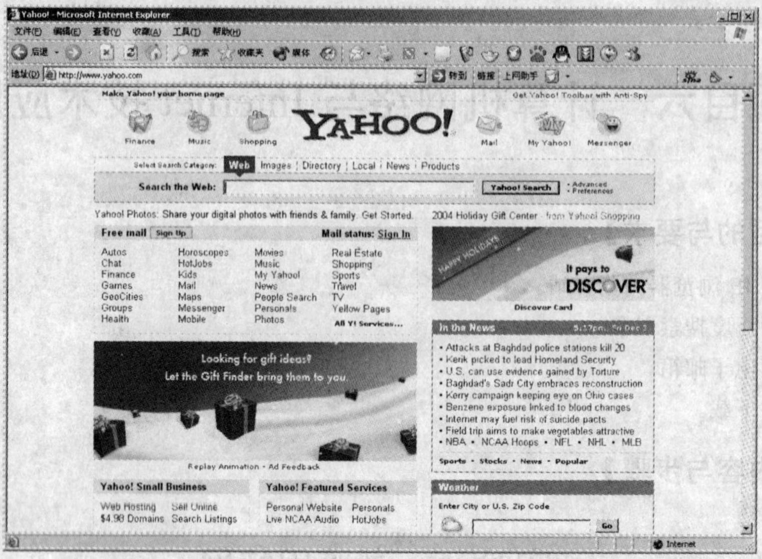

图 6.1.1 “雅虎”首页

（4）在“主页”框单击“使用当前页”按钮，也可以在“地址”后的输入框中直接输入网址，如图 6.1.3 所示。

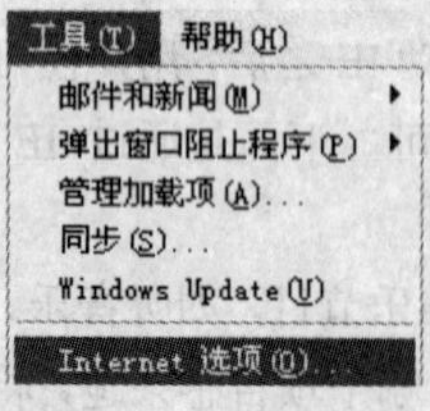

图 6.1.2 Internet 选项

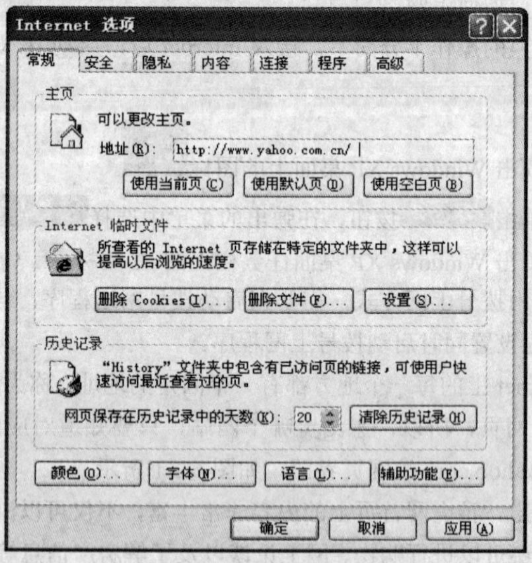

图 6.1.3 主页的设置

（5）单击“确定”按钮完成设置。

2．收藏夹的使用

收藏是保存和整理常用站点的捷径。通过收藏功能，可以把常用或者很喜欢的站点搜集起来，方便以后的查找和使用。单击工具栏上的“收藏”按钮，可以看到你过去加入到收藏夹中的网址列表。如果发现了一个好站点，可以立即将它添加到收藏夹中，具体方法如下：

打开这个网页，在“收藏”菜单下选择“添加到收藏夹”命令或按下工具栏上的“收藏”按钮，会出现如图 6.1.4 所示的“添加到收藏夹”对话框。

图 6.1.4 “添加到收藏夹”对话框

你可在名称栏中输入你对该页面的重新命名，以便于以后查找。如果希望以后在脱机（网络断开）状态下浏览，可以单击“允许脱机使用”复选框。

如果收藏夹中收藏的站点过多，不利于查找和使用，这时就要对收藏夹中的站点进行整理。在“收藏”菜单中选择“整理收藏夹”命令，出现一个“整理收藏夹”对话框，如图 6.1.5 所示。

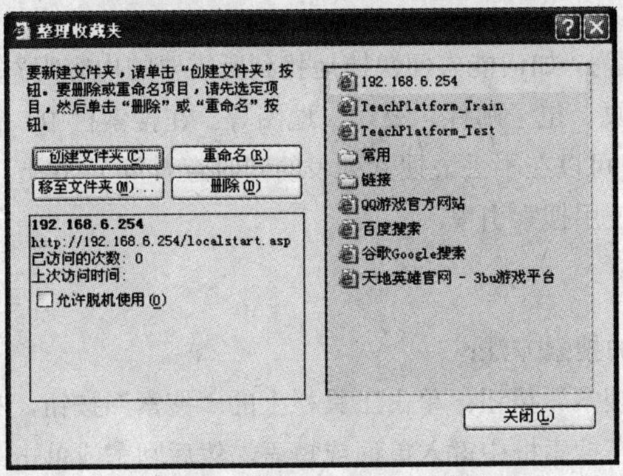

图 6.1.5 “整理收藏夹”对话框

通过“整理收藏夹”命令，可以对收藏夹中的站点文件进行增加、删除、分类、改名等操作。

3. 显示最近访问过的网页

IE 有很多种方法可查找在过去几天、几小时或几分钟内曾经浏览过的网页和网站。常用的方法是使用“历史按钮”。

在工具栏上，单击“历史”按钮，出现如图 6.1.6 所示的历史记录栏。历史记录栏显示出最近几天或几星期内访问过的网页和站点链接。在历史记录栏中，单击星期或日期，单击文件夹可以显示出近期访问过的各个网页。要排序或搜索历史记录栏，可以单击历史记录栏顶端“查看”按钮旁边的箭头。

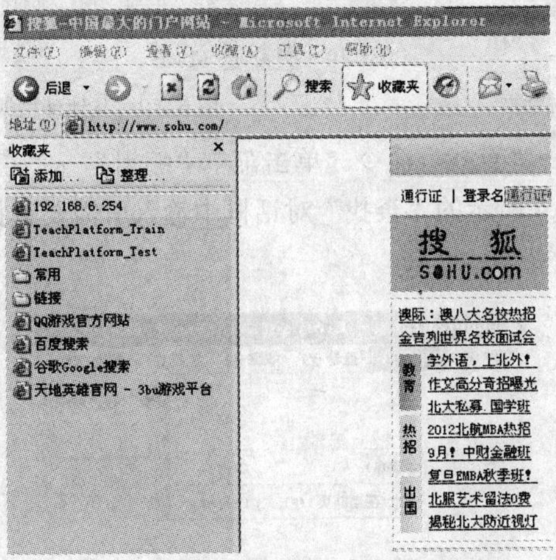

图 6.1.6 历史记录栏

4. 查找刚才访问过的网页

要返回访问过的前一页，可以单击工具栏上的 后退 按钮。要查看在这次会话中访问过的最后 9 页，可以单击“后退”或“向前” 按钮旁边的箭头，然后从列表中单击所需的网页。

要点提示： IE 的窗口操作和 Windows 的类似，窗口的基本操作是一致的。

实验二 IE 搜索

因特网上的信息浩如烟海，如何能方便快捷地找到所需要的内容呢？这就要用到搜索的功能，可以搜索各种信息，如 Web 页、电子邮件、公司、地图等。在搜索栏中，键入描述搜索内容的单词或短语。当搜索结果出现时，可以在不丢失搜索列表的同时查看每个 Web 页。本节中主要介绍两类搜索：使用 IE 自带的搜索和使用搜索引擎。

1. 使用 IE 自带的搜索

下面介绍三种 IE 自带的搜索方法：

（1）使用工具栏的“搜索”按钮。单击工具栏上的“搜索”按钮，在浏览器左侧弹出“搜索”对话框，如图 6.2.1 所示。在搜索框中键入单词或短语，然后回车或单击“搜索”按钮。

（2）从地址栏中搜索。在地址栏中键入一些普通的名称或单词，然后回车或单击“转到”按钮，如图 6.2.2 所示。

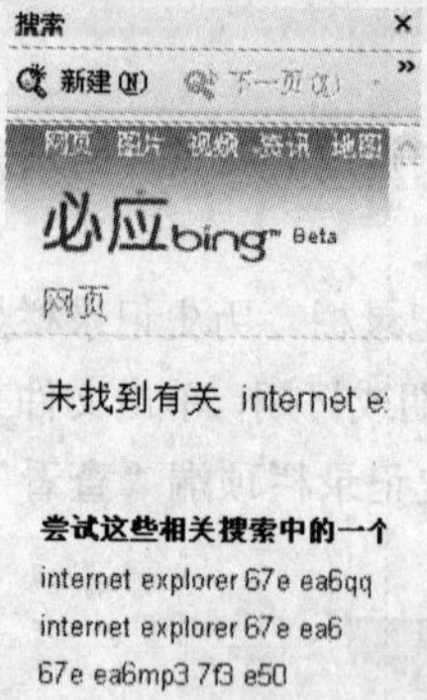

图 6.2.1 “搜索”对话框

图 6.2.2 从地址栏搜索

（3）利用菜单“编辑”→“查找”命令。单击菜单“编辑”→“查找（在当前页）”命令，如图 6.2.3 所示，在弹出的如图 6.2.4 所示的“查找”对话框中输入所需要查找的文字，单击回车键即可搜索指定的文本。

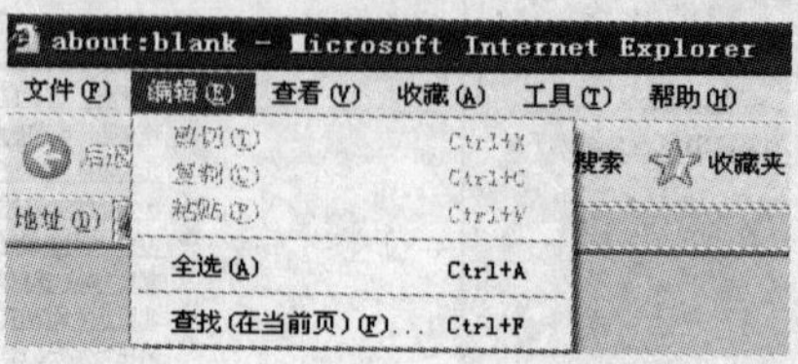

图 6.2.3 搜索指定的文本

图 6.2.4　“查找”对话框

2．使用搜索引擎

互联网信息搜索是仅次于电子邮件的第二大网络应用，几乎所有上网的人都会用到搜索引擎来查找信息，因此对网民们来说，搜索引擎已成为大家网上冲浪不可或缺的得力助手。

以百度为例，在浏览器的地址栏中键入 www.baidu.com 并回车，即可打开百度的主页面，如图 6.2.5 所示，在文本框中键入要查找的内容，按下回车（或单击“百度”搜索按钮）即可找到所需的内容。

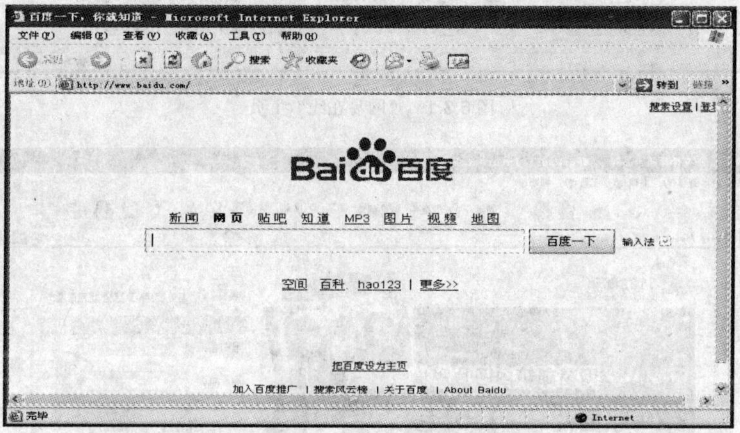

图 6.2.5　百度搜索引擎

重点提示：在每个字段中键入的信息越多，则显示结果的时间越长，但准确性越好。有时为了提高查询的效能，需要尽量使用简短的关键词。

实验三　电 子 邮 件

一、申请免费电子邮箱

为了在 Internet 上进行相互通信，用户需要拥有自己的 E-mail 账号，此时也就拥有了自己的电子邮箱。

下面以“网易在线”为例介绍申请免费邮箱的具体操作步骤。

（1）首先进入“网易在线”主页，如图 6.3.1 所示。

（2）在其主页面中单击 申请 按钮，屏幕上显示申请 163 电子邮箱的页面，如图 6.3.2 所示。

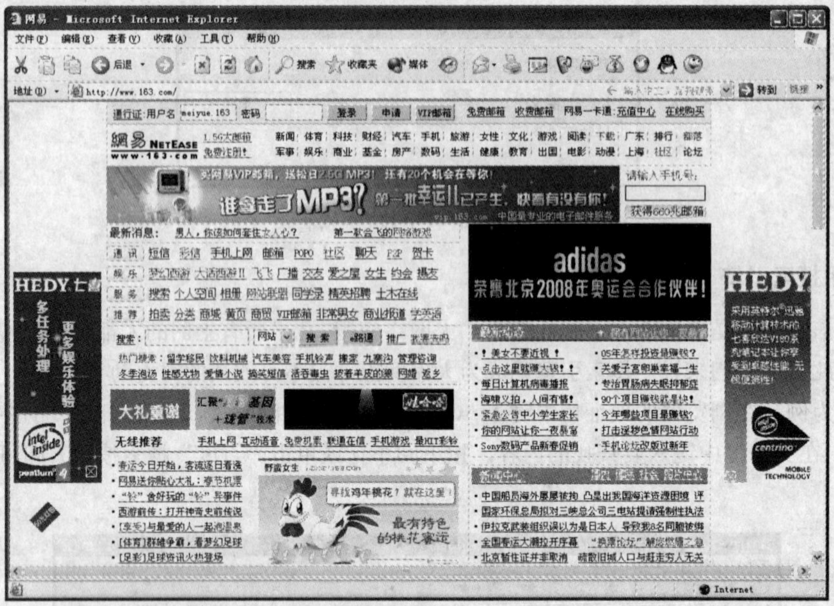

图 6.3.1 “网易在线”主页

图 6.3.2 申请 163 电子邮箱

（3）在“用户名”文本框中输入申请的用户名，也就是账号（该名要符合网站的有关规定，并且避免和其他用户重名)，在“密码”文本框中输入密码，然后单击完成按钮。

（4）在 Internet Explorer 浏览窗口中将显示有关服务条款的页面，如图 6.3.3 所示，直接单击我接受按钮。

（5）在如图 6.3.4 所示的“个人资料”页面中填写有关个人信息，如输入登录密码、密码提示问题以及其他个人信息，前面带有“*”的项目是必须填写的，所有信息填写完毕后，单击完成按钮。

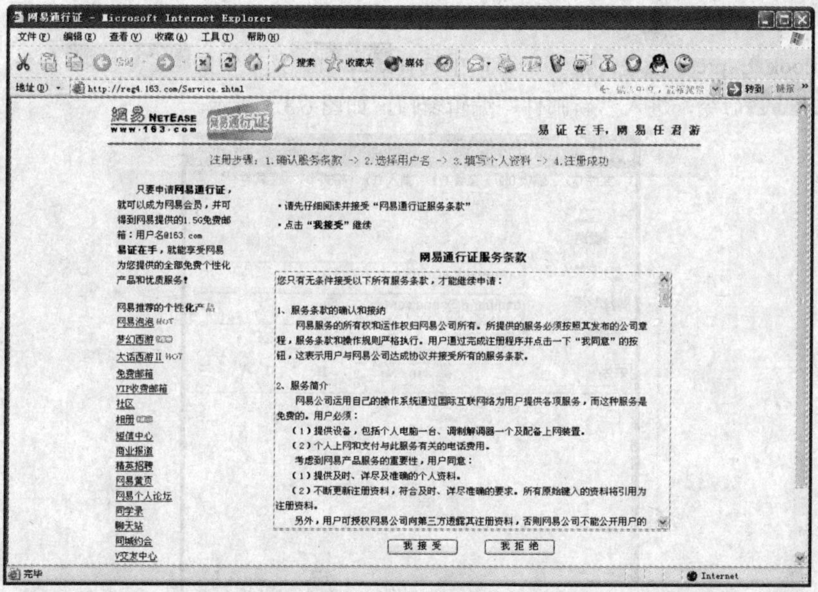

图 6.3.3　有关“服务条款”

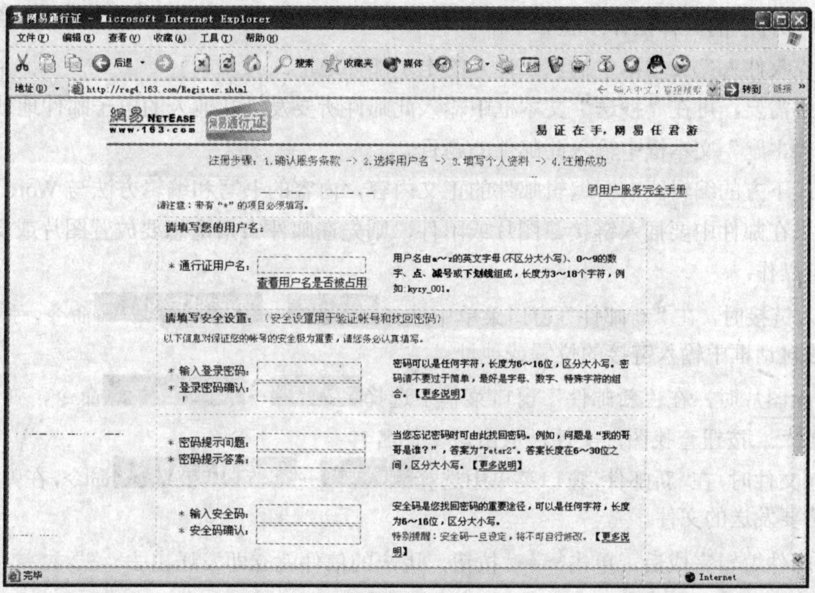

图 6.3.4　填写“个人资料”

一般情况下，如果输入没有问题，屏幕上将显示注册成功的信息，然后返回网易主页，便可以开始使用此邮箱。

注意：一定不能忘记邮箱的用户名和密码，同时，不要随便透露自己的 E-mail 地址，以免收到骚扰邮件。

二、邮件的建立与发送

启动 Outlook Express 程序，在其主窗口中选择 文件(F) 菜单中的 新建(N) 命令，并在其子菜单中选择 邮件(M) 命令，进入“新邮件”编辑窗口，如图 6.3.5 所示。

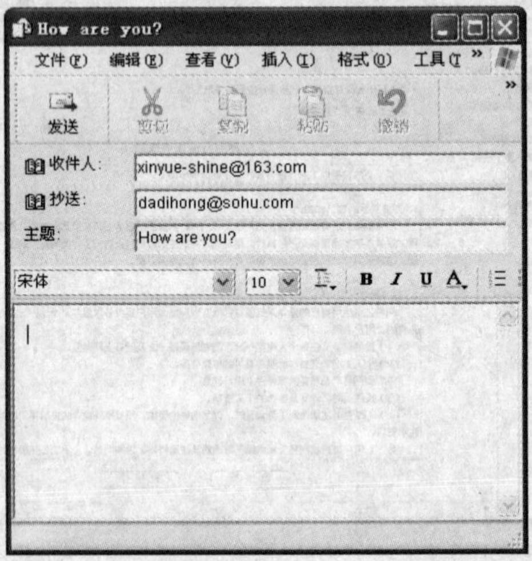

图 6.3.5 “新邮件”编辑窗口

编辑“新邮件”的具体操作步骤如下：

（1）在“收件人”文本框中输入收件人的电子邮件地址。

（2）如果需要，可在“抄送”文本框中输入此邮件所要发给其他人的电子邮件地址。

（3）在“主题”文本框中输入此邮件的题目。

（4）在最下方的编辑区书写编辑邮件的正文内容，内容的书写和编辑方法与 Word 类似。

（5）如果在邮件中要插入链接、图片或附件，则先在邮件中指定想要放置图片或文件的位置，然后执行以下操作：

1）插入链接时，在“新邮件”窗口菜单中选择 插入(I) → 超级链接(H)... 命令，弹出 超级链接 对话框，在该对话框中输入链接的位置或地址。

2）插入图片时，在“新邮件”窗口菜单中选择 插入(I) → 图片(P)... 命令，弹出 图片 对话框，单击 浏览(R)... 按钮查找图片文件，双击该文件名。

3）插入文件时，在“新邮件”窗口菜单中选择 插入(I) → 文件附件(A)... 命令，在弹出的 插入附件 对话框中双击要发送的文件。

（6）当邮件编辑完成后，单击 发送/接收 按钮，用户的信件就立即发送出去。

注意：如果是脱机撰写的邮件，在“新邮件”窗口中，选择 文件(F) → 保存附件(V)... 命令，将邮件保存在“发件箱”中。当联机后可以在“新邮件”窗口中选择 工具(T) → 发送和接收(S) 命令将邮件发送出去。

三、邮件的转发与回复

下面介绍邮件的转发与回复。

1. 邮件的转发

邮件的转发与邮件的发送比较类似，先打开要转发的邮件，单击工具栏中的转发按钮，此时，邮件处于编辑状态，用户也可以对此邮件进行修改，然后单击工具栏中的发送/接收按钮即可。

2. 邮件的回复

Outlook Express 有一个收件箱存储收到的邮件，一个草稿箱存储写好但还没有发送的邮件。要回复邮件就非常容易，其操作步骤如下：

（1）打开 Outlook Express 程序的窗口，在邮件列表中单击要回复邮件的主题。

（2）单击工具栏中的全部答复按钮，出现一个“回复”窗口，如图 6.3.6 所示。

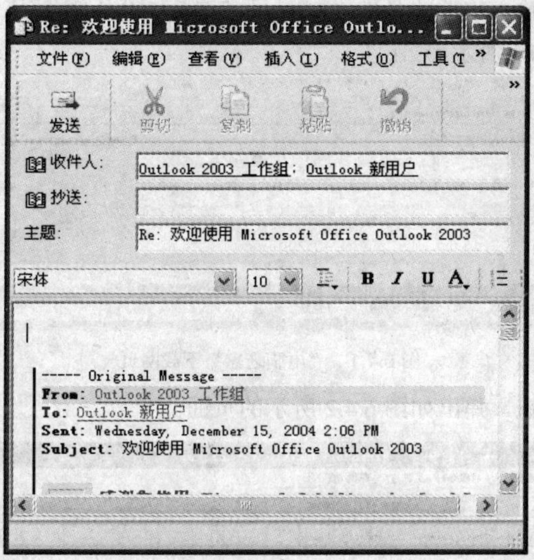

图 6.3.6　“回复”窗口

（3）在文本区引用文本上面的光标处输入要回复的信息。

注意：在“收件人”列表框中选择一个原始邮件后，并且引用原来的主题，原始邮件会自动引用在窗口的文本区。

（4）单击发送/接收按钮，则发送该回复邮件到发件箱中。

四、删除邮件

如果长期收发电子邮件，邮件将会越积越多，此时就可以删除不用的或不重要的邮件，删除邮件的具体操作步骤如下：

（1）在邮件列表中，选择要删除的电子邮件。

（2）单击工具栏中的删除按钮，就可将选中的邮件删除。

注意：用工具栏上的按钮删除时，邮件只是被移到删除文件夹中，而并没有真正被删除掉。如果要彻底删除，可打开 已删除邮件 文件夹，选择所要删除的邮件，单击 删除(D)... 按钮，即可彻底删除。

实验四　文 件 下 载

网络上有许多共享资源，可以提供人们免费下载和使用。许多的网站都是提供软件给人们下载。下面介绍一下如何使用 IE 直接下载文件。

假设要从电脑之家网站上下载 winrar 软件，具体步骤如下：

（1）打开网页 www.pchome.net;

（2）在“搜索”栏中输入软件的名称“winrar”（这是一个压缩/解压缩软件），在左边的功能选项里选择“下载”，如图 6.4.1 所示。

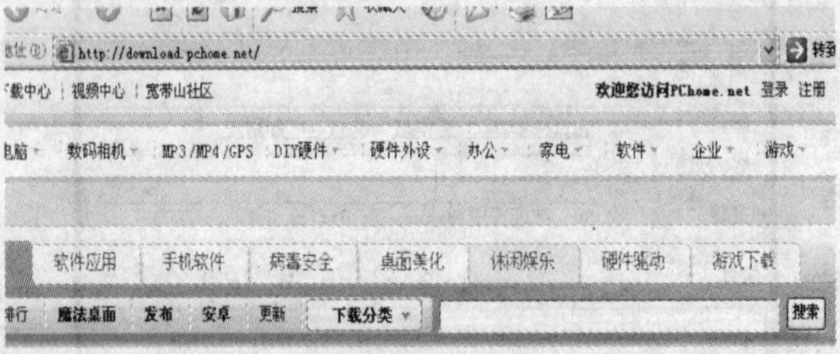

图 6.4.1　“电脑之家”下载网页

（3）单击“搜索”按钮，弹出如图 6.4.2 所示的页面。

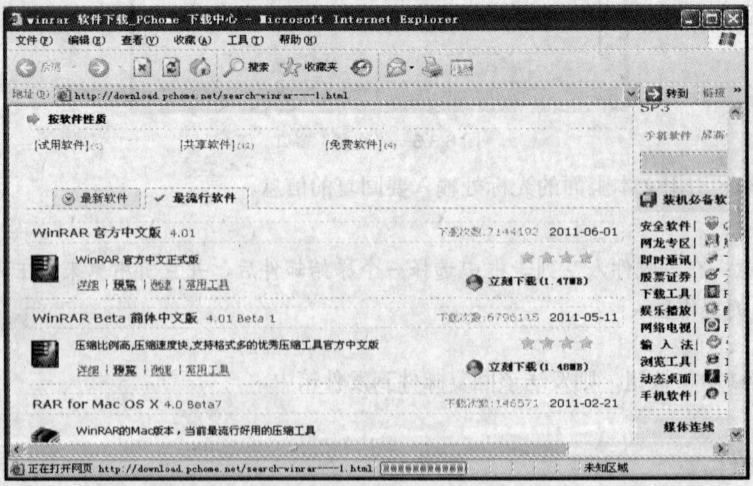

图 6.4.2　有关下载“winrar”软件的提示

（4）用鼠标单击“winrar 正式版 3.42”的链接，将弹出软件的描述信息，包括软件版本、软件大小及功能介绍等。

（5）在页面的右下方有一个绿色的“立刻下载”按钮，如图 6.4.3 所示，单击即可进入下载页面，选择最适合的服务器下载。

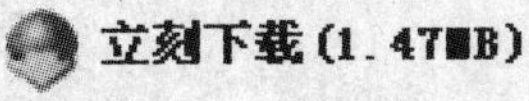

图 6.4.3　“立刻下载”按钮

（6）单击“中国电信”——“HTTP 下载”，弹出如图 6.4.4 所示的“文件下载”对话框。

（7）单击“保存”按钮，选择保存文件的路径，再次单击“保存”后，立即开始下载过程，如图 6.4.5 所示。

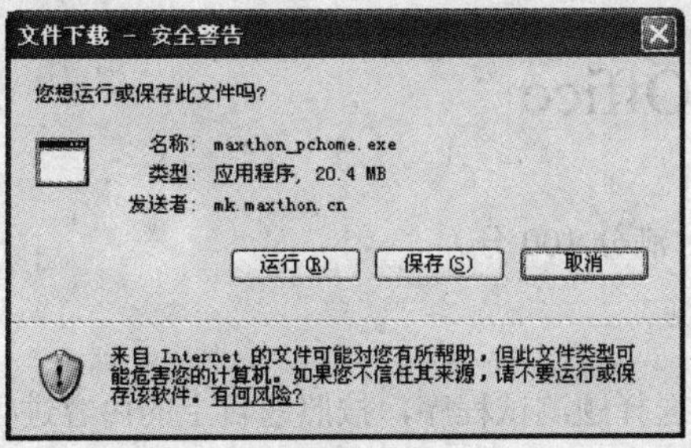

图 6.4.4　“文件下载”对话框

图 6.4.5　下载过程

推荐一些常用的下载网站：

（1）电脑之家（http://www.pchome.net）；

（2）天空下载（http://www.skycn.com）；

（3）太平洋电脑网的下载中心（http://dl.pconline.com.cn）；

（4）华军软件园（http:// www.onlinedown.net）。

上面介绍的几个软件站点都提供了搜索功能，这样除了利用层级目录找到相关软件外，还可以输入关键字来查找。如果你想要的软件在上面的站点里都没有，也可以进入一个搜索网站，比如 www.baidu.com，然后输入软件的名字，按下搜索就可以了。

重点提示：为了方便管理和文件的查找，应在硬盘上建立一个软件文件夹，便于软件和工具的分类管理。

附　　录

附录 1　2010 年 4 月全国计算机等级考试一级试卷

一级 MS Office

（考试时间 90 分钟，满分 100 分）

一、选择题（每小题 1 分，共 20 分）

请在“答题”菜单上选择“选择题”命令，启动选择题测试程序，按照题目上的内容进行答题。

1．对 CD-ROM 可以进行的操作是（　）。

A．读或写　　B．只能读不能写

C．只能写不能读　　D．能存不能取

2．下列关于计算机病毒的叙述中，正确的是（　）。

A．计算机病毒的特点之一是具有免疫性

B．计算机病毒是一种有逻辑错误的小程序

C．反病毒软件必须随着新病毒的出现而升级，提高查、杀病毒的功能

D．感染过计算机病毒的计算机具有对该病毒的免疫性

3．十进制数 59 转换成无符号二进制整数是（　）。

A．0111101　　B．0111011　　C．0111100　　D．0111111

4．下列 4 个 4 位十进制数中，属于正确的汉字区位码的是（　）。

A．5601　　B．9596　　C．9678　　D．8799

5．字长是 CPU 的主要技术性能指标之一，它表示的是（　）。

A．CPU 计算结果的有效数字长度　　B．CPU 一次能处理二进制数据的位数

C．CPU 能表示的最大的有效数字位数　　D．CPU 能表示的十进制整数的位数

6．下列说法中，正确的是（　）。

A．只要将高级程序语言编写的源程序文件（如 try.c）的扩展名更改为.exe，则它就成为可执行文件了

B．当代高级的计算机可以直接执行用高级程序语言编写的程序

C．用高级程序语言编写的源程序经过编译和链接后成为可执行程序

D．用高级程序语言编写的程序可移植性和可读性都很差

7.在标准 ASCII 码表中，已知英文字母 A 的十进制编码值是 65，英文字母 a 的十进制码值是（　）。

A．95　　B．96　　C．97　　D．91

8．已知 a=00101010B 和 b=40D，下列关系式成立的是（　）。

A．a＞b　　B．a＝b

C．a＜b　　D．不能比较

9. 计算机网络最突出的优点是（ ）。

A．提高可靠性
B．提高计算机的存储容量
C．运算速度快
D．实现资源共享和快速通信

10. Cache的中文译名是（ ）。

A．缓冲器
B．只读存储器
C．高速缓冲存储器
D．可编程只读存储器

11. 把用高级程序设计语言编写的源程序翻译成目标程序（.OBJ）的程序称为（ ）。

A．汇编程序
B．编辑程序
C．编译程序
D．解释程序

12. 下面关于操作系统的叙述中，正确的是（ ）。

A．操作系统是计算机软件系统中的核心软件
B．操作系统属于应用软件
C．Windows是PC机唯一的操作系统
D．操作系统的五大功能是：启动、打印、显示、文件存取和关机

13. 下列的英文缩写和中文名字的对照中，错误的是（ ）。

A．CAD——计算机辅助设计
B．CAM——计算机辅助制造
C．CIMS——计算机集成管理系统
D．CAI——计算机辅助教育

14. Internet实现了分布在世界各地的各类网络的互连，其基础和核心的协议是（ ）。

A．HTTP
B．TCP/IP
C．HTML
D．FTP

15. 下列设备组中，完全属于外部设备的一组是（ ）。

A．激光打印机，移动硬盘，鼠标器
B．CPU，键盘，显示器
C．SRAM内存条，CD-ROM驱动器，扫描仪
D．优盘，内存储器，硬盘

16. 办公自动化（OA）是计算机的一项应用，按计算机应用的分类，它属于（ ）。

A．科学计算
B．辅助设计
C．实时控制
D．信息处理

17. 一个完整的计算机软件应包含（ ）。

A．系统软件和应用软件
B．编辑软件和应用软件
C．数据库软件和工具软件
D．程序、相应数据和文档

18. 根据汉字国标GB2312-80的规定，一个汉字的机内码的码长是（ ）。

A．8bit
B．12bit
C．16bit
D．24bit

19. 无符号二进制整数1011000转换成十进制数是（ ）。

A．76
B．78
C．88
D．90

20. 计算机硬件系统主要包括：运算器、存储器、输入设备、输出设备和（ ）。

A．控制器
B．显示器

C．磁盘驱动器　　　　　　　　　　　D．打印机

二、基本操作题（10 分）

Windows 基本操作题，不限制操作的方式。本题型共有 5 个小题：

1．在考生文件夹下分别建立 KANG1 和 KANG2 两个文件夹。

2．将考生文件夹下 MING.FOR 文件复制到 KANG1 文件夹中。

3．将考生文件夹下 HWAST 文件夹中的文件 XIAN.TXT 重命名为 YANG.TXT。

4．搜索考生文件夹中的 FUNC.WRI 文件，然后将其设置为“只读”属性。

5．为考生文件夹下 SDTA\LOU 文件夹建立名为 KLOU 的快捷方式，并存放在考生文件夹下。

三、汉字录入题（15 分）

请在“考试项目”菜单上选择“汉字录入”菜单项，启动汉字录入测试程序，按照题目上的内容输入汉字。

地铁停电疏散时，乘客应该按照工作人员的指引顺序下车，不要拥挤，依次沉着冷静地走上地面。地铁列车车门上方的“紧急开门手柄”不能擅动。如列车正好停靠站台，可拉下“紧急开门手柄”，但一旦列车停在隧道中时拉下，会十分危险。地铁站台和通道内均设有明显的疏散指示标志。

四、文字处理题（25 分）

请在“考试项目”菜单上选择“字处理软件使用”菜单项，并完成以下内容。本题型共有 5 个小题：

1．在考生文件夹下打开文档 WORD.DOC，按照要求完成下列操作并以该文件名（WORD.DOC）保存文档，其内容如下：

【文档开始】

音调、音强与音色

声音是模拟信号的一种，从人耳听觉的角度看，声音的质量特性主要体现在音调、音强和音色三个方面。

音调与声音的频率有关，频率快则声音尖高，频率慢则声音显得低沉。声音按频率可分为：次声（小于 20 Hz）、可听声（20 Hz～20 kHz）和超声（大于 20 kHz）。

音强即声音音量，它与声波的振动幅度有关，反映了声音的大小和强弱，振幅大则音量大。

振幅和周期都不变的声音称为纯音，但自然界中的大部分声音一般都不是纯音，而是由不同振幅的声波组合起来的一种复音。在复音中的最低频率称为该复音的基频。复音中其他频率称之为谐音，基频和谐音组合起来，决定了声音的音色，使人们有可能对不同的声音特征加以辨认。

不同种类声音的频带宽度

声音类型	频带范围
男性声音	100 Hz～9 kHz
女性声音	150 Hz～10 kHz
电话语音	200 Hz～3.4 kHz
调幅广播	50 Hz～7 kHz
调频广播	20 Hz～15 kHz
宽带音响	20 Hz～20 kHz

【文档结束】

（1）将标题段（“音调、音强与音色”）文字设置为二号阴影楷体_GB2312、倾斜，并添加浅绿色底纹。

（2）设置正文各段落（“声音是模拟信号的一种……加以辨认。”）为 1.25 倍行距，段后间距 0.5 行。设置正文第一段（“声音是模拟信号的一种……三个方面。”）悬挂缩进 2 字符；为正文其余各段落（“音调与声音……加以辨认。”）添加项目符号“■”。

（3）设置页面“纸张大小”为“16 开（18.4×26 厘米）”。

（4）将文中后 7 行文字转换为一个 7 行 2 列的表格，设置表格居中、表格列宽为 4.5 厘米、行高为 0.6 厘米，设置表格中所有文字“中部居中”。

（5）设置表格所有框线为 1 磅蓝色单实线；为表格第一行添加“灰色-30%”底纹，其余各行添加“灰色-10%”底纹；按“声音类别”列（依据“拼音”类型）升序排列表格内容。

五、电子表格题（20 分）

请在“考试项目”菜单上选择“电子表格软件使用”菜单项，完成下面的内容：

（所有的电子表格文件都必须建立在指定的文件夹中。）

1．在考生文件夹下打开 EXCEL.XLS 文件。

	A	B	C	D	E	F	G
1	某单位人员情况表						
2	职工号	性别	年龄	职称			
3	E001	男	34	工程师			
4	E002	男	45	高工		职称	人数
5	E003	女	26	助工		高工	
6	E004	男	29	工程师		工程师	
7	E005	男	31	工程师		助工	
8	E006	女	36	工程师			
9	E007	男	50	高工			
10	E008	男	42	高工			
11	E009	女	34	工程师			
12	E010	女	28	助工			
13		平均年龄					

（1）将 sheet1 工作表的 A1:D1 单元格合并为一个单元格，内容水平居中；计算职工的平均年龄置 C13 单元格内（数值型，保留小数点后 1 位）；计算职称为高工、工程师和助工的人数置 G5:G7 单元格区域（利用 COUNT IF 函数）。

（2）选取“职称”列（F4:F7）和“人数”列（G4:G7）数据区域的内容建立“簇状柱形图”，图标题为“职称情况统计图”，清除图例；将图插入到表的 A15:E25 单元格区域内；将工作表命名为“职称情况统计表”，保存 EXCEL.XLS 文件。

2．在考生文件夹下打开 EXC.XLS 文件。

对工作表“图书销售情况表”内数据清单的内容建立数据透视表，按行为“经销部门”，列为“图书类别”，数据为“数量（册）”求和布局，并置于现工作表的 H2:L7 单元格区域，工作表名不变，保存 EXC.XLS 工作簿。

	A	B	C	D
1	某书店图书销售情况表			
2	图书编号	销售数量	单价	销售额
3	0123	256	11.6	
4	1098	298	19.8	
5	2134	467	36.5	

六、演示文稿题（10 分）

1．请在“考试项目”菜单上选择“演示文稿软件使用”菜单项，完成以下内容：

打开考生文件夹下的演示文稿 yswg.ppt（如图），按下列要求完成对此文稿的修饰并保存。

（1）在演示文稿的开始处插入一张“标题”幻灯片，作为文稿的第一张幻灯片，主标题键入“明天你会买两部手机吗？”设置为：加粗、48 磅。将第三张幻灯片的对象部分动画效果设置为“进入”“飞入”“自右下部”，然后将该张幻灯片移为演示文稿的第二张幻灯片。

（2）将第一张幻灯片背景填充预设颜色为“麦浪滚滚”，底纹样式为“水平”。全部幻灯片的切换效果设置成“盒状展开”。

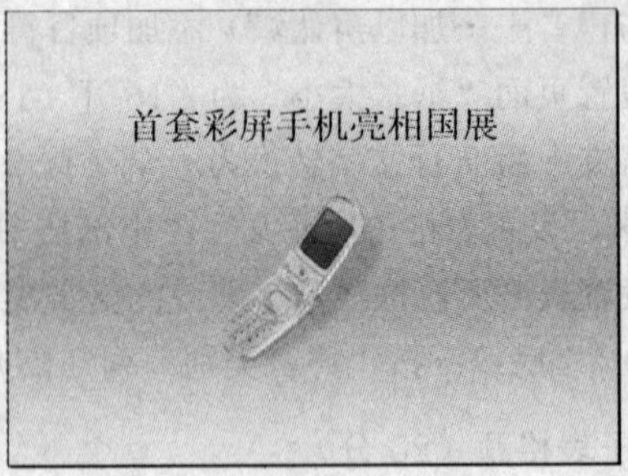

七、上网题（10 分）

请在“考试项目”菜单上选择“上网题”菜单项，完成下面的内容：

1．给同学孙冉发邮件，E-mail 地址是：sunshine9960@gmail.com，主题为：鲁迅的文章，正文为：孙冉，你好，你要的两篇鲁迅作品在邮件附件中，请查收。

将考生文件夹下的文件“LuXun1.txt”粘贴至邮件附件中。发送邮件。

2．打开 http://LOCALHOST:65531/ExamWeb/intro.htm 页面，浏览对各个汽车品牌的介绍，找到查看更多汽车品牌介绍的链接，在考生文件夹下新建文本文件 search_adress.txt，复制链接地址到 seareh_adress.txt 中，并保存。

附录 2 2010 年 9 月全国计算机等级考试一级试卷

一级 MS Office

（考试时间 90 分钟，满分 100 分）

一、选择题（每小题 1 分，共 20 分）

请在“答题”菜单上选择“选择题”命令，启动选择题测试程序，按照题目上的内容进行答题。

1．按电子计算机传统的分代方法，第一代至第四代计算机依次是（ ）。

A．机械计算机，电子管计算机，晶体管计算机，集成电路计算机

B．晶体管计算机，集成电路计算机，大规模集成电路计算机，光器件计算机

C．电子管计算机，晶体管计算机，小、中规模集成电路计算机，大规模和超大规模集成电路计算机

D．手摇机械计算机，电动机械计算机，电子管计算机，晶体管计算机

2．随着 Internet 的发展，越来越多的计算机感染病毒的可能途径之一是（ ）。

A．从键盘上输入数据　　B．通过电源线

C．所使用的光盘表面不清洁　　D．通过 Internet 的 E-mail，附着在电子邮件的信息中

3．十进制数 60 转换成无符号二进制整数是（ ）。

A．0111100　　B．0111010

C．0111000　　D．0110110

4．无符号二进制整数 110111 转换成十进制数是（ ）。

A．49　　B．51

C．53　　D．55

5．下面关于随机存取存储器（RAM）的叙述中，正确的是（ ）。

A．RAM 分静态 RAM（SRAM）和动态 RAM（DRAM）两大类

B．SRAM 的集成度比 DRAM 高

C．DRAM 的存取速度比 SRAM 快

D．DRAM 中存储的数据无须“刷新”

6．下列叙述中，正确的是（ ）。

A．字长为 16 位表示这台计算机最大能计算一个 16 位的十进制数

B．字长为 16 位表示这台计算机的 CPU 一次能处理 16 位二进制数

C．运算器只能进行算术运算

D．SRAM 的集成度高于 DRAM

7．在标准 ASCII 编码表中，数字码、小写英文字母和大写英文字母的前后次序是（ ）。

A．数字、小写英文字母、大写英文字母

B．小写英文字母、大写英文字母、数字

C．数字、大写英文字母、小写英文字母

D．大写英文字母、小写英文字母、数字

8．下列英文缩写和中文名字的对照中，正确的是（　）。

A．CAD——计算机辅助设计　　B．CAM——计算机辅助教育

C．CIMS——计算机集成管理系统　　D．CAI——计算机辅助制造

9．调制解调器（Modem）的作用是（　）。

A．将数字脉冲信号转换为模拟信号　　B．将模拟信号转换成数字脉冲信号

C．将数字脉冲信号与模拟信号互相转换　　D．为了上网与打电话两不误

10．在计算机中，对汉字进行传输、处理和存储时使用汉字的（　）。

A．字形码　　B．国标码

C．输入码　　D．机内码

11．下列选项中，不属于显示器主要技术指标的是（　）。

A．分辨率　　B．重量

C．像素的点距　　D．显示器的尺寸

12．设一个十进制整数为 D>1，转换成十六进制数为 H。根据数制的概念，下列叙述中正确的是（　）。

A．数字 H 的位数≥数字 D 的位数　　B．数字 H 的位数≤数字 D 的位数

C．数字 H 的位数<数字 D 的位数　　D．数字 H 的位数>数字 D 的位数

13．TCP 协议的主要功能是（　）。

A．对数据进行分组　　B．确保数据的可靠传输

C．确定数据传输路径　　D．提高数据传输速度

14．下列叙述中，错误的是（　）。

A．硬盘在主机箱内，它是主机的组成部分

B．硬盘属于外部存储器

C．硬盘驱动器既可作为输入设备又可作为输出设备

D．硬盘与 CPU 之间不能直接交换数据

15．组成一个计算机系统的两大部分是（　）。

A．系统软件和应用软件　　B．硬件系统和软件系统

C．主机和外部设备　　D．主机和输入/输出设备

16．下列关于 CPU 的叙述中，正确的是（　）。

A．CPU 能直接读取硬盘上的数据

B．CPU 能直接与内存储器交换数据

C．CPU 主要组成部分是存储器和控制器

D．CPU 主要用于执行算术运算

17．下列叙述中，正确的是（　）。

A．用高级语言编写的程序执行效率最低

B．计算机能直接识别、执行用汇编语言编写的程序

C．用机器语言编写的程序执行效率最低

D．不同型号的 CPU 具有相同的机器语言

18．存储 1024 个 24×24 点阵的汉字字形码需要的字节数是（　）。

A．720B　　B．72KB

C. 7000B D. 7200B

19. 下列软件中，不是操作系统的是（ ）。

A. Linux B. UNIX

C. MS-DOS D. MS-Office

20. 下列软件中，属于应用软件的是（ ）。

A. Windows XP B. PowerPoint 2003

C. UNIX D. Linux

二、基本操作题（10 分）

Windows 基本操作题，不限制操作的方式。本题型共有 5 个小题：

1. 在考生文件夹中分别建立 PPT 和 DOC 两个文件夹。
2. 在 DOC 文件夹中新建一个名为 XIN.DOC 的文件。
3. 将考生文件夹下 TAI 文件夹中的 HWA.DOC 文件复制到考生文件夹下的 DOC 文件夹中。
4. 搜索考生文件夹下的 HEL.PPT 文件，然后将其移动到考生文件夹下的 PPT 文件夹中。
5. 为考生文件夹下 KUAN 文件夹中的 LIN.EXE 文件建立名为 LINA 的快捷方式，存放在考生文件夹中。

三、汉字录入题（10 分）

请在“考试项目”菜单上选择“汉字录入”菜单项，启动汉字录入测试程序，按照题目上的内容输入汉字。

3 月 1 日，ACM（美国计算机学会）决定将 2005 年图灵奖颁发给 Peter Naur，以表彰他在设计 Algol 60 语言上的贡献。Algol 60 成为了许多现代程序设计语言的原型。在语法描述中广泛使用的 BNF 范式，其中的“N”便是来自 Peter Naur 的名字。图灵奖被称为“计算科学界的诺贝尔奖”，创立于 1960 年。

四、文字处理题（25 分）

请在“考试项目”菜单上选择“字处理软件使用”菜单项，并完成以下内容。本题型共有 5 个小题：

对考生文件夹下 WORD.DOC 文档中的文字进行编辑、排版和保存，具体要求如下：

【文档开始】

GDP 与 GNP 的区别

GDP（Gross Domestic Product，国内生产总值）是指一个国家或地区范围内反映所有常住单位生产（包括三次产业）活动成果的指标。在价值形态上它等于国民经济各部门生产的增加值之和。

GNP（Gross National Product，国民生产总值）是指一个国家或地区范围内反映所有常住单位，在一定时期内实际收到的原始收入（指劳动者报酬、生产税净额、固定资产折旧和营业盈余等）总和价值。本国常住者通过在国外投资或到国外工作所获得的收入，应计入本国国民生产总值；非本国国民在本国领土范围内的投资或工作所获得的收入，则不应计入本国的国民生产总值中去。

因此，国民生产总值等于国内生产总值加上从国外获得的劳动报酬、投资收益（包括红利、股息加利息等）的净额。即：国民生产总值=国内生产总值+国外净要素收入。国民生产总值是“收入”的概念。

2005 年世界 GDP 前 10 名排行榜

国家	GDP（亿美元）	人均 GDP（美元）	人均 GDP 名次
美国	124550.68	43740	7
日本	45059.12	38980	11
德国	27819.00	34580	19
中国	22286.62	1740	128
英国	21925.53	37600	12
法国	21101.85	34810	18
意大利	17230.44	30010	26
西班牙	11236.91	25360	33
加拿大	1115.192	32600	20
巴西	7940.98	3460	97

【文档结束】

按要求完成下列操作：

（1）将标题段（“GDP 与 GNP 的区别”）文字设置为三号红色阳文黑体、字符间距加宽 6 磅、并添加黄色底纹。

（2）将正文各段落（“GDP……的概念。”）中的西文文字设置为五号 Arial 字体（中文文字字体不变）；设置正文各段落左、右各缩进 1 字符，首行缩进 2 字符。

（3）在页面底端（页脚）居中位置插入页码，并设置起始页码为“III”。

（4）将文中后 11 行文字转换为一个 11 行 4 列的表格；设置表格居中，表格第一列列宽为 2 厘米、其余各列列宽为 3 厘米、行高为 0.6 厘米，表格中所有文字中部居中。

（5）设置表格外框线为 0.5 磅蓝色双窄线，内框线为 0.5 磅蓝色单实线；按“人均 GDP（美元）”列（依据“数字”类型）升序排列表格内容。

五、电子表格题（15 分）

请在“考试项目”菜单上选择“电子表格软件使用”菜单项，完成下面的内容：

（所有的电子表格文件都必须建立在指定的文件夹中。）

1. 在考生文件夹下打开 EXCEL.XLS 文件，将 sheet1 工作表的 A1:M1 单元格合并为一个单元格，内容水平居中；计算全年平均值列的内容（数值型，保留小数点后两位），计算“最高值”和“最低值”行的内容（利用 MAX 函数和 MIN 函数，数值型，保留小数点后两位）；将 A2:M5 区域格式设置为自动套用格式“古典 2”，将工作表命名为“经济增长指数对比表”，保存 EXCEL.XLS 文件。

	A	B	C	D	E	F	G	H	I	J	K	L	M
1	某地区经济增长指数对比表												
2	月份	2月	3月	4月	5月	6月	7月	8月	9月	10月	11月	12月	全年平均
3	03年	83.9	102.4	113.5	119.7	120.1	138.7	137.9	134.7	140.5	159.4	168.7	
4	04年	101.00	122.70	139.12	141.50	130.60	153.80	139.14	148.77	160.33	166.42	175.00	
5	05年	146.96	165.60	179.08	179.06	190.18	188.50	195.78	191.30	193.27	197.98	201.22	
6	最高值												
7	最低值												

2. 选取“经济增长指数对比表”的 A2:L5 数据区域的内容建立“数据点折线图”（系列产生在“行”），标题为“经济增长指数对比图”，设置 Y 轴刻度最小值为 50，最大值为 210，主要刻度单位为 20，分类（X 轴）交叉于 50；将图插入到表的 A8:L20 单元格区域内，保存 EXCEL.XLS 文件。

六、演示文稿题（10 分）

打开考生文件夹下的演示文稿 yswg.ppt，按照下列要求完成对此文稿的修饰并保存。

（1）在第一张幻灯片前插入一张新幻灯片，幻灯片版式为“标题幻灯片”，主标题区域输入“两岸货运包机首航”，并设置字体为“楷体_GB2312”、“加粗”、字号为 63 磅、颜色为红色（请用自定义标签的红色 250、绿色 0、蓝色 0），副标题区域输入“新华社 7 月 20 日电”，并设置字体为“仿宋_GB2312”、字号为 43 磅。第二张幻灯片的剪贴画动画设置为“进入”“旋转”“水平”。移动第三张幻灯片，使之成为第二张幻灯片。

（2）将第一张幻灯片的背景填充设置为“花束”纹理。全部幻灯片切换效果为“溶解”。

七、上网题（10 分）

（1）同学珊珊过生日，发邮件向她表示祝贺。

E-mail 地址是：shanshan_1988@sina.com

主题为：生日快乐！

内容为：珊珊，生日快乐，祝学习进步，身体健康！

（2）打开 http://localhost/myweb/index.htm 页面，浏览网页，点击不同的链接进入子页面详细浏览。并将子页面一、子页面二和子页面三以 HTML 文件类型保存到考生文件夹下，文件名分别为 Page1、Page2 和 Page3。

附录3 2010年全国计算机等级考试参考答案及评析

2010年4月参考答案及评析

一、选择题

1．B **解析：** CD-ROM为只读型光盘。

2．C **解析：** 计算机病毒是具有破坏性的程序，其本身没有逻辑错误，计算机本身对计算机病毒没有免疫性。计算机病毒的特点是寄生性、破坏性、传染性、潜伏性、隐蔽性。

3．B **解析：** 59=64-5=1000000-101=0111011。

4．A **解析：** 区位码：94×94阵列，区号范围：1～94，位号范围：1～94。

5．B **解析：** 字长是指计算机运算部件一次能同时处理的二进制数据的位数。

6．C **解析：** 计算机只能直接识别机器语言，高级语言程序需要经过编译和链接后才能生成可执行文件，高级语言程序的可读性和可移植性好。

7．C **解析：** ASCII码（用十六进制表示）为：A对应41，a对应61，二者相差20（十六进制），换算为十进制即相差32，A对应65（十进制），则a的ASCII码（用十进制表示）为：65+32=97。

8．A **解析：** $a=00101010B=2^5+2^3+2^1=42D>40D=b$

9．D **解析：** 计算机网络由通信子网和资源子网两部分组成。通信子网的功能：负责全网的数据通信；资源子网的功能：提供各种网络资源和网络服务，实现网络的资源共享。

10．C **解析：** ROM为只读存储器，PROM为可编程只读存储器。

11．C **解析：** 将高级语言源程序翻译成目标程序的软件称为编译程序。

12．A **解析：** 系统软件主要包括操作系统、语言处理系统、系统性能检测和实用工具软件等，其中最主要的是操作系统。

13．C **解析：** 选项C指的是计算机集成制造系统。

14．B **解析：** Internet实现了分布在世界各地的各类网络的互连，其最基础和核心的协议是TCP/IP。HTTP是超文本传输协议，HTML是超文本标志语言，FTP是文件传输协议。

15．A **解析：** CPU、SRAM内存条、CD-ROM以及内存储器都不属于外部设备。

16．D **解析：** 办公自动化包括网络化的大规模信息处理系统。

17．A **解析：** 计算机软件包括系统软件和应用软件两部分。

18．C **解析：** 一个汉字是两个字节，一个字节是8bit，所以就是16bit。

19．C **解析：** 二进制转换为十进制：$2^6+2^4+2^3=88$。

20．A **解析：** 计算机硬件包括CPU（包括运算器和控制器）、内存储器、输入设备、输出设备。

二、基本操作题（略）

三、汉字录入题（略）

四、文字处理题

操作步骤如下：

1．通过“答题”菜单打开WORD.DOC文件，选中标题，选择“格式”→“字体”命令，在弹出的“字体”对话框中按照题目要求设置字体。

2．选择“格式”→“边框和底纹”命令，在弹出的“边框和底纹”对话框中按照题目要求设置标题底纹。

3．选中正文，选择“格式”→“段落”命令，在弹出的“段落”对话框中按要求设置段落的行距和段后间距。

4．选中第一段，选择“格式”→“段落”命令，在弹出的“段落”对话框中按要求设置段落的悬挂缩进属性。

5．选中目标文字，选择“格式”→“项目符号和编号”命令，在弹出的“项目符号和编号”对话框中按要求设置项目符号。

6．选择“文件”→“页面设置”命令，在弹出的“页面设置”对话框中按要求设置纸张大小。

7．选中后 7 行文字，选择“表格”→“转换”→“文本转换成表格”命令，在弹出的“将文字转换成表格”对话框中设置转换的表格形式。

8．选中表格，单击格式工具栏中的“居中”按钮，将表格设为居中对齐。

9．选择“表格”→“表格属性”命令，在弹出的“表格属性”对话框中按照要求设置表格的列宽和行高属性。

10．选择“视图”→“工具栏”→“表格和边框”命令，在弹出的“表格和边框”工具栏中按照要求设置表格内容的对齐方式和表格框线。

11．选中第一行，选择“格式”→“边框和底纹”命令，在弹出的“边框和底纹”对话框中按照要求设置第 1 行底纹。按照同样的操作设置其他行的底纹。

12．选中需要排序的列，选择“表格”→“排序”命令，在弹出的“排序”对话框中设置排序。

13．保存文件。

五、电子表格题

第 1 小题

1．通过“答题”菜单打开 EXCEL.XLS 文件，选中要合并的单元格，单击“合并及居中”按钮合并单元格，并使内容居中。

2．选中要插入函数的单元格，单击工具栏中的“插入函数”按钮，在弹出的“插入函数”对话框中选择相应的函数和参数，计算“平均年龄”和“高工”“工程师”“助工”的人数。

3．选中要设置单元格属性的单元格，选择“格式”→“单元格”命令，在弹出的“单元格格式”对话框中按要求设置单元格格式。

4．选中要建立图表的数据，选择“插入”→“图表”命令，在弹出的“图表向导”对话框中按照要求建立“簇状柱形图”，并设置图表标题和图例。

5．按住鼠标左键单击图表不放，拖动图形，将图插入到 A15:E25 区域。

6．双击现有名称，输入新名称，并保存文件。

第 2 小题

1．按照要求建立数据透视表，操作过程如下：

（1）选中要建立数据透视表的单元格。

（2）选择“数据”→“数据透视表和数据透视图”命令，弹出“数据透视表和数据透视图向导”对话框，一直单击“下一步”或“确定”按钮。

（3）单击“完成”按钮，完成操作。

2．保存文件。

六、演示文稿题

第 1 小题

1．通过“答题”菜单打开 yswg.ppt 文件，选中第一张幻灯片，选择“插入”→“图片”→“艺术字”命令，在弹出的“艺术字”对话框中按照要求设置艺术字。

2．选中第二张幻灯片，选择“格式”→“幻灯片版式”命令，在弹出的“幻灯片版式”对话框中按照题目要求设置第二张幻灯片的版式。

3．在第二张幻灯片的右侧文本区输入要求的文本，选中文本，选择“格式”→“字体”命令，在弹出的“字体”对话框中按照题目要求设置字体。

4．用鼠标右键单击第四张幻灯片的图片，在弹出的快捷菜单中选择“复制”命令，在第三张幻灯片内容区域，单击鼠标右键，在弹出的快捷菜单中选择“粘贴”命令。

5．选中第三张幻灯片的标题，选择“插入”→“超链接”，在弹出的“插入超链接”对话框中按照要求设置超链接。

6．按照要求插入备注。

7．在“普通”视图下选中第四张幻灯片，单击鼠标右键，在弹出的快捷菜单中选择“删除幻灯片”命令，删除幻灯片。

第 2 小题

1．选中第一张幻灯片，选择“格式”→“背景”命令，在弹出的“背景”对话框中按照题目要求设置幻灯片背景填充。

2．选择“幻灯片放映”→“设置放映方式”命令，在弹出的“设置放映方式”对话框中按照题目要求设置幻灯片的放映方式。

3．保存文件。

七、上网题（略）

2010 年 9 月参考答案及评析

一、选择题

1．C **解析：** 计算机采用的电子器件为：第一代是电子管，第二代是晶体管，第三代是中小规模集成电路，第四代是大规模、超大规模集成电路。

2．D **解析：** 计算机病毒主要通过移动存储介质（如优盘、移动硬盘）和计算机网络两大途径进行传播。

3．A **解析：** 按照“除 2 求余”法，将 60 转换如下：

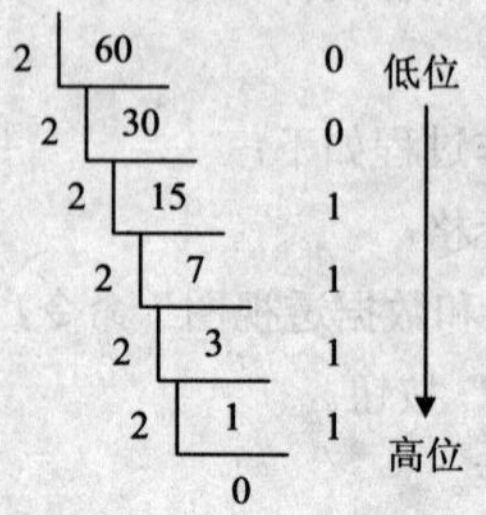

4. D **解析：**根据按权展开式知，$2^0+2^1+2^2+2^4+2^5=55$。

5. A **解析：**DRAM 集成度比 SRAM 高，SRAM 比 DRAM 存取速度快，DRAM 中存储的数据要经常刷新。

6. B **解析：**字长是指计算机运算部件一次能同时处理的二进制数据的位数，运算器可以进行算术运算和逻辑运算，DRAM 集成度高于 SRAM。

7. C **解析：**ASCII 码编码顺序从小到大为：数字、大写英文字母、小写英文字母。

8. A **解析：**计算机辅助教育的缩写是 CAI，计算机辅助制造的缩写是 CAM，计算机集成制造系统的缩写是 CIMS，计算机辅助设计的缩写是 CAD。

9. C **解析：**调制解调器（即 Modem），是计算机与电话线之间进行信号转换的装置，由调制器和解调器两部分组成。调制器是把计算机的数字信号调制成可在电话线上传输的声音信号的装置，在接收端，解调器再把声音信号转换成计算机能接收的数字信号。

10. D **解析：**显示或打印汉字时使用汉字的字形码，在计算机内部时使用汉字的机内码。

11. B **解析：**显示器的主要技术指标有扫描方式、刷新频率、点距、分辨率、带宽、亮度和对比度、尺寸。

12. C **解析：**在数值转换中，权越大，位数越少。

13. B **解析：**TCP 协议的主要功能是完成对数据报的确认、流量控制和网络拥塞；自动检测数据报，并提供错误重发的功能；将多条路径传送的数据报按照原来的顺序进行排列，并对重复数据进行择取；控制超时重发，自动调整超时值；提供自动恢复丢失数据的功能。

14. A **解析：**硬盘虽然在主机箱内，但属于外存，不是主机的组成部分。

15. B **解析：**一个完整的计算机系统应该包括硬件和软件两部分。

16. B **解析：**CPU 只能与内存储器直接交换数据，其主要组成部分是运算器和控制器。选项 D 是运算器的作用。

17. A **解析：**计算机能直接识别机器语言，机器语言的执行效率高。

18. B **解析：**在 24×24 的网格中描绘一个汉字，整个网格分为 24 行 24 列，每个小格用 1 位二进制编码表示，每一行需要 24 个二进制位，占 3 个字节，24 行共占 24×3=72 个字节。1024 个需要 1024×72=73728 字节。

19. D **解析：**MS-Office 是应用软件。

20. B **解析：**其余选项为系统软件。

二、基本操作题（略）

三、汉字录入题（略）

四、文字处理题

操作步骤如下：

1. 通过“答题”菜单打开 WORD.DOC 文件，选中标题，选择“格式”→“字体”命令，在弹出的“字体”对话框中设置字体和字符间距。

2. 选择“格式”→“边框和底纹”命令，在弹出的“边框和底纹”对话框中为标题添加底纹。

3. 选中第一、二、三段，选择“格式”→“字体”命令，设置西文字体，再选择“格式”→“段落”命令，设置段落左、右缩进和首行缩进。

4. 选择“插入”→“页码”命令，在弹出的“页码”对话框中按题目要求设置页码。

5．选中后 11 行文字，选择“表格”→“转换”→“文本转换成表格”命令，如图 1 所示。在弹出的“将文字转换成表格”对话框中设置转换的表格形式。

6．选中表格，单击格式工具栏中的“居中”按钮，将表格设为居中对齐。

7．选择“表格”→“表格属性”命令，在弹出的“表格属性”对话框中按照要求设置表格的列宽和行高属性，如图 2 所示。然后根据题目要求将表格中的所有文字设置为居中。

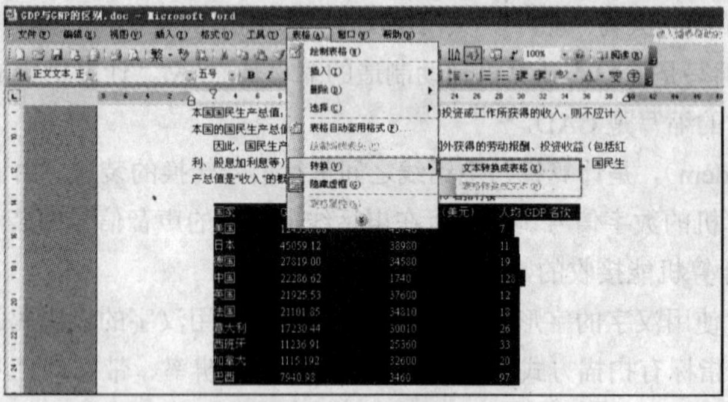

图 1

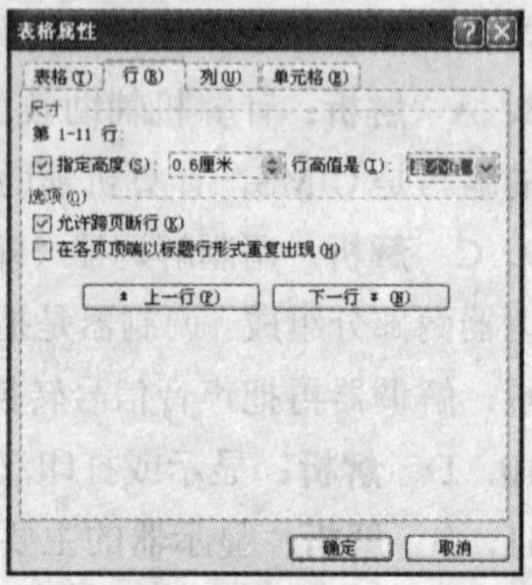

图 2

8．选择“表格”→“表格属性”命令，在弹出的“表格属性”对话框中单击“边框和底纹”按钮，然后在弹出的“边框和底纹”对话框中按照要求设置表格的框线，如图 3 所示。

9．选中“人均 GDP（美元）”列，选择“表格”→“排序”命令，在弹出的“排序”对话框中按照要求设置排序，如图 4 所示。

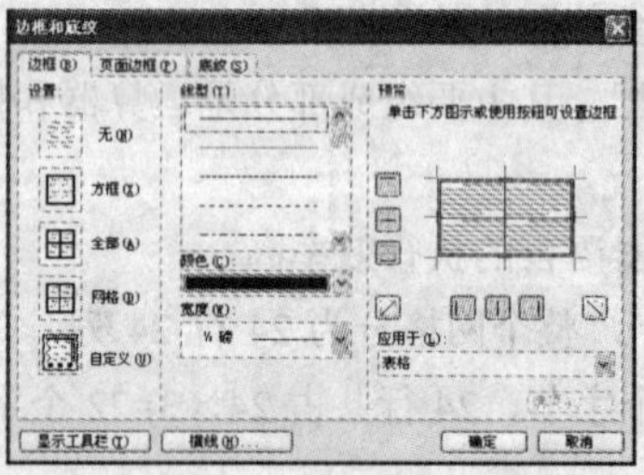

图 3

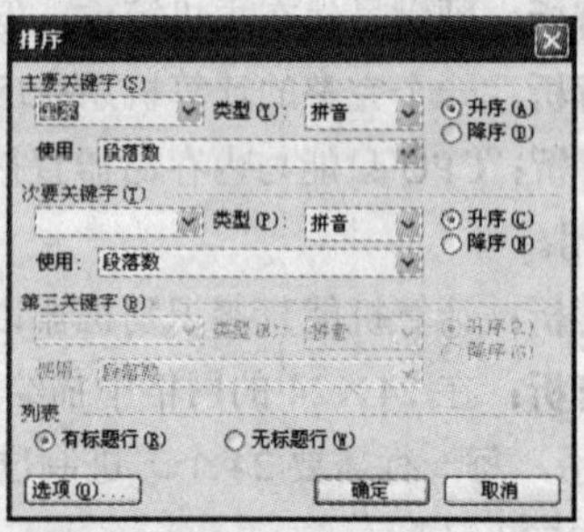

图 4

五、电子表格题

第 1 小题

1．通过“答题”菜单打开 EXCEL.XLS 文件，选中要合并的单元格，单击“合并及居中”按钮合并单元格，并使内容居中。

2．选中要插入函数的单元格，单击工具栏中的“插入函数”按钮，在弹出的“插入函数”对话框中选择相应的函数和参数，计算“最高值”和“最低值”行的内容。

3．选中需要进行套用格式设置的区域，选择“格式”→“自动套用格式”命令，弹出“自动套用格式”对话框，如图 5 所示。按照题目要求选择需要的格式，单击“确定”按钮。

4．双击现有名称，输入新名称，单击工具栏中的“保存”按钮，保存文档。

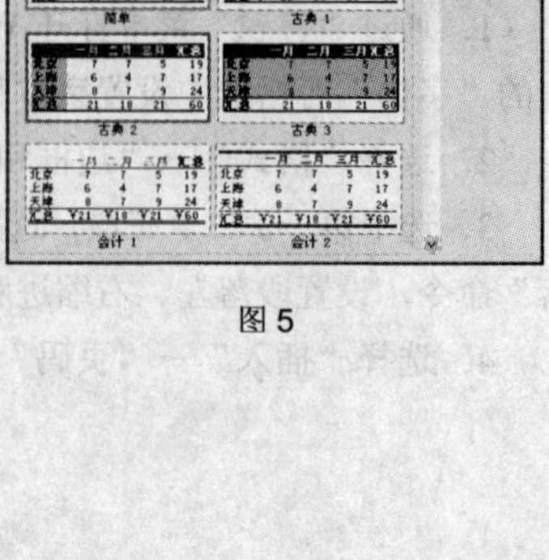

图 5

第 2 小题

1．选中要建立图表的数据，选择“插入”→“图表”命令，在弹出的“图表向导”对话框中按照要求建立“数据点折线图”，并设置图标标题为“经济增长指数对比图”，然后设置数据标志和图例，操作步骤如下：

（1）选中 A2:L5 单元格，选择“插入”→“图表”命令，弹出“图表类型”对话框，在“折线图”中选择“数据点折线图”，如图 6 所示。

（2）单击“下一步”按钮，弹出“图表源数据”对话框，在“系列产生在：”单击“行”单选按钮，如图 7 所示。

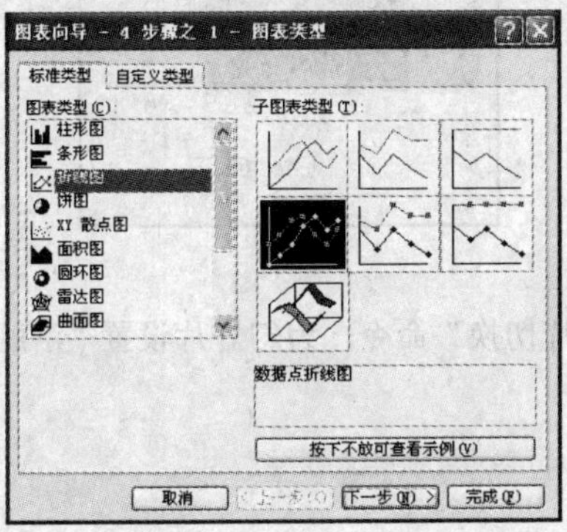

图 6

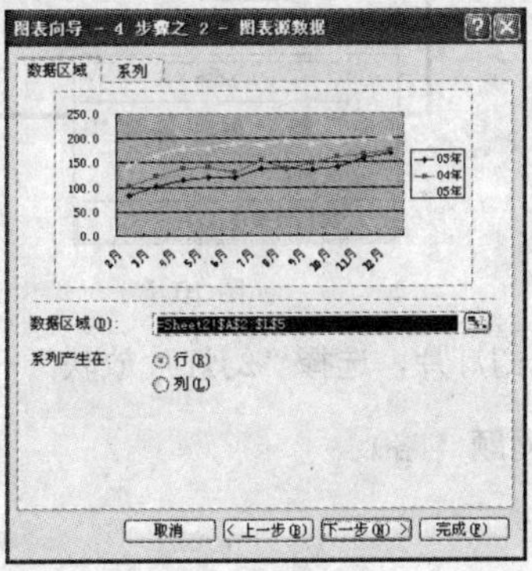

图 7

（3）单击“下一步”按钮，弹出“图表选项”对话框，将标题设置为“经济增长指数对比图”，如图 8 所示。

（4）单击“下一步”按钮，弹出“图表位置”对话框，选择“Sheet2”工作表，如图 9 所示。

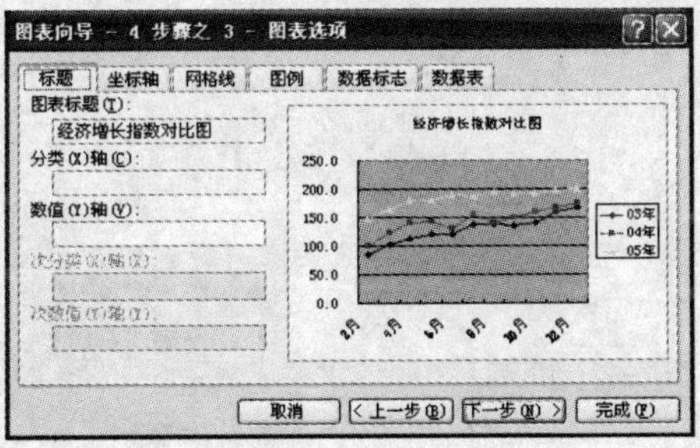

图 8

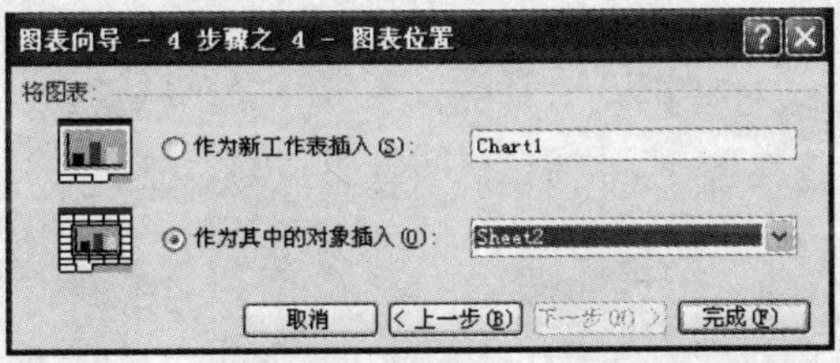

图 9

六、演示文稿题

第 1 小题

1．通过“答题”菜单打开 yswg.ppt 文件，选择“插入”→“新幻灯片”命令，在“幻灯片版式”对话框中按照题目要求选择相应的版式，并单击“插入新幻灯片”插入幻灯片。

2．在第一张幻灯片的文本处输入题目要求的内容，并选中输入的文字，选择“格式”→“字体”命令，在弹出的“字体”对话框中按照题目要求设置字体、字号和颜色。

3．选中第二张幻灯片的图片，单击鼠标右键，在弹出的快捷菜单中选择“自定义动画”命令，在“自定义动画”对话框中按照题目要求设置图片的动画效果。

4．在“普通”视图下，按住鼠标左键选中第三张幻灯片，拖曳到第二张幻灯片位置。

第 2 小题

1. 选中第一张幻灯片，选择“格式”→“背景”命令，在“背景”对话框中单击下拉按钮，选择“填充效果”命令，如图 10 所示。

2. 在“填充效果”对话框中选择“纹理”选项卡，选择“花束”纹理，如图 11 所示。

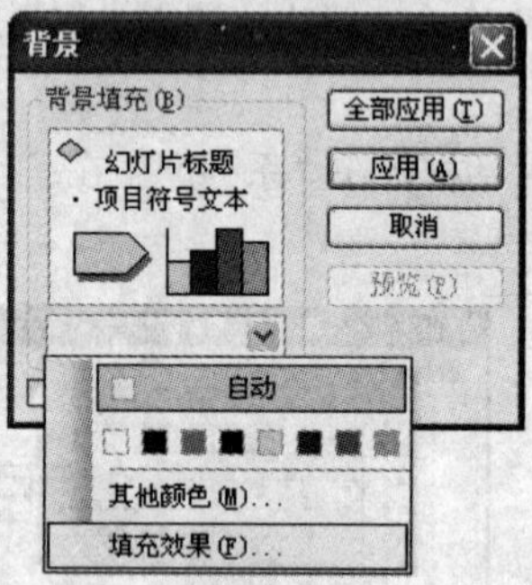

图 10

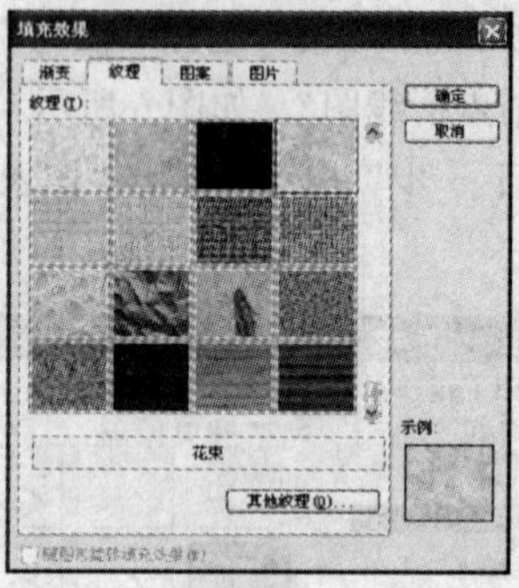

图 11

3. 选定幻灯片，选择“幻灯片放映”→“幻灯片切换”命令，为幻灯片设置“溶解”切换效果。

七、上网题（略）